新型城镇化背景下关中县域城乡空间结构转型模式研究

李 晶 著

中国建筑工业出版社

图书在版编目（CIP）数据

新型城镇化背景下关中县域城乡空间结构转型模式研究 / 李晶
著 . — 北京：中国建筑工业出版社，2020.1
ISBN 978-7-112-24669-4

Ⅰ. ①新… Ⅱ. ①李… Ⅲ. ①城乡规划-空间规划-研究-
关中 Ⅳ. ① TU984.241

中国版本图书馆 CIP 数据核字（2020）第 022151 号

本书首先对国内外城乡空间结构的相关理论进行综述，通过回顾城镇化发展历程及主要特征，发现其中存在的问题。然后对新型城镇化的内涵特征、目标体系、价值导向、发展动力进行解析，构建新型城镇化背景下城乡空间转型的理论模式；选取典型县域进行城乡空间结构转型发展的实证研究。最后对关中县域城乡空间结构的转型发展提出具有针对性的规划策略。

本书可供城乡空间规划、城乡一体化等领域的研究者及有关专业师生参考。

责任编辑：许顺法
责任校对：王　烨

新型城镇化背景下关中县域城乡空间结构转型模式研究
李　晶　著

*

中国建筑工业出版社出版、发行（北京海淀三里河路9号）
各地新华书店、建筑书店经销
北京建筑工业印刷厂制版
北京建筑工业印刷厂印刷

*

开本：787×1092毫米　1/16　印张：12¼　字数：304千字
2020年7月第一版　　2020年7月第一次印刷
定价：**60.00**元
ISBN 978-7-112-24669-4
（35183）

前　言

　　中国自古就有"郡县治、天下安"之说，即县集而郡，郡集而天下——司马迁《史记》。在新型城镇化过程中县域被看作是破解城乡二元结构、实现城乡一体化的重要突破口，实现未来城镇化增量的重要载体。推动县域发展成为中国城镇化和促进民生改善的根本支撑点。目前关中县域步入快速城镇化的发展阶段，与东部地区相比城乡发展水平较低，需要探讨新型城镇化背景下县域城乡空间结构转型模式，总结提炼县域城乡空间转型的内在机制、推进路径及规划策略，实现县域城乡空间结构优化。

　　本书首先对国内外城乡空间结构的相关理论进行综述，通过回顾城镇化发展历程及主要特征，发现其中存在的问题。然后对新型城镇化的内涵特征、目标体系、价值导向、发展动力进行解析。强调新型城镇化更关注人的切身感知与基本权利，注重幸福感与梦想追求，改变以往"地的城镇化"模式。按照"历程剖析—内涵解析—模式演绎—路径推进"的思路，构建新型城镇化背景下城乡空间转型的理论模式。以问题为导向，对关中县域总体特征、城乡发展演进、经济发展水平、人口规模等级现状、城乡发展水平进行现状审视及问题诊断，寻找关中城乡空间结构转型发展的适宜模式。选取典型县域进行城乡空间结构转型发展的实证研究，通过城镇体系重组、城镇职能转型、产业结构优化、人口规模等级调整，探讨城乡关系转型模式。通过城乡空间绩效评估、城乡建设用地演变分析，探讨城乡空间结构转型模式。最后对关中县域城乡空间结构的转型发展提出具有针对性的规划策略。

　　本书的出版得到了西安工程大学学科建设经费资助，特此致谢！

目　　录

第1章 引　言

1.1　研究背景与研究范围

1.1.1　研究背景

（1）政策背景：新型城镇化背景下城乡空间结构转型发展的新趋势

2014年《国家新型城镇化规划（2014—2020年）》确定新型城镇化"是以城乡统筹发展、产城融合发展、资源环境集约、人居环境宜居为基本特征的城镇化，促进大中小城市、城镇、农村社区、中心村协调发展"[1]。"核心在于不牺牲农业与农民的根本利益"[2]。"十九大"报告强调推进以人为核心的城镇化，新型城镇化更注重处理城乡之间产业发展、社会、生态环境与资源等问题，人口自由流动与资源分配的关系以及空间发展差异与平衡。按照促进生产空间集约高效、生活空间宜居适度、生态空间山青水秀的总体要求，形成生产、生活、生态空间的合理结构。因此新型城镇化是城乡发展最大内需潜力所在，是经济发展的重要动力。

目前我国城镇化率过半，过往城镇化发展太注重速度，导致城乡分割严重，乡村萧条与大城市病并存。随着经济发展速度由高速转向中高速，城乡发展将面临更严峻的考验，必须从城市维度转向城乡维度。城镇体系逐步层次化与完善化，空间结构体系中节点层级增多。随着"撤乡并镇"、"迁村并点"与"移民安置"等政策落实，乡村空间逐步摆脱地缘与血缘的传统农业社会聚落。因此新型城镇化发展模式是顺应时代背景的城乡发展趋势。

（2）现实背景：县域城乡空间结构转型面临的新问题

长期"乡村支撑城市、农业支撑工业"[3]的发展思路，二元制度造成"土地剪刀差"和"工资剪刀差"，乡村发展长期被忽视。县域内以中心城市为核心，以建制镇为纽带，以乡村及广大农田为腹地，促使"县域"成为连接大城市与乡村的枢纽。县域经济发展是推动我国城乡发展的主要力量，刺激农业产业有助于培育经济发展增长点。目前我国已进入城市支持乡村、工业反哺农业阶段，依然面临着诸多问题。经济层面，土地城镇化快于人口城镇化，工业产业发展快于农业产业发展；社会层面，乡村空心化速度快于县域中心城市人口流入速度而引发多重社会问题；生态方面，环境破坏速度快于城镇发展速度；城乡空间方面，城乡结构体系单一，县域中心城市功能相对完善，但乡村功能单一，空间外延异常膨胀和村庄内部空心化的反差现象严重。"乡村逐渐衰落，引发土地空心化、人群空心化，致使乡村空间转型发展日益急迫"[4]。

面对新型城镇化背景下城乡空间转型发展的新问题，要立足统筹城乡，由"物的城镇化"向"人的城镇化"转变。在县域生态容量承载范围内促进三产融合、产城融合，"促进入与空间城镇化的协调匹配，完善县域内各建制镇的功能"[5]。构建合理的城—镇—村体系与规模，完善城—镇—社区—中心村的基础设施与公共服务设施的配置。注重在县域中心城市发展现代服务产业，乡村发展现代农业，促进信息要素、生产要素、生活要素与资源在县域内自由流动。"放开户籍制度改革，推进社会保障制度改革，推进乡村产权制度改革，落实土地流转政策，完善土地补偿制度，促进人口有序转移"[6]。

（3）地域背景：关中县域城乡空间结构转型的新机遇

1）西部大开发的重要落脚点

2010 年西部大开发战略颁布，它在全国区域发展总体战略中具有优先地位。"《中共中央、国务院关于深入实施西部大开发战略的若干意见》指出，国家对西部地区优势产业、基础设施、民生工程和生态环境建设等将增大支持力度"[7]。关中县域不仅是西北地区经济社会发展的重要腹地，是实施西部大开发战略的关键，更是实现城乡经济、社会与空间一体化的关键地区。

2）"关中 - 天水经济区"中重要战略要地[8]

"关中 - 天水经济区"是西部大开发的三大重点开发地区之一，"地处亚欧大陆桥核心地区，起着承东启西、连接南北的重要作用"[9]。加快该经济区的建设，利于地区经济发展，利于培育地区增长极，利于强化重要增长极并带动西部地区快速发展，利于承接东部地区产业转移，利于深化体制改革，为统筹科技资源改革提供新经验。从发展阶段上看，目前关中城镇群初步形成，但城乡之间发展差距巨大，直接影响到关中—天水经济区的整体发展效率。因此整合关中县域乡发展资源，推动区域城乡空间转型，实现城乡繁荣是关中县域发展的重心。

3）打造丝绸之路经济带新起点，加快建设内陆开发新高地

2014 年国家提出建设"丝绸之路经济带"与"21 世纪海上丝绸之路"倡议。"一带一路"建立在古丝绸之路概念基础上，是"迄今为止世界最长、最具发展潜力的经济走廊"[10]。关中地区是承东启西，连接内陆与沿海的枢纽地区，是"丝绸之路经济带"的重要节点。关中地区节点城市西安，对拉动关中县域经济发展起着积极作用。"一带一路"是中国与亚太地区沿线国家合力打造平等互利、合作共赢的"利益共同体"和"命运共同体"的新理念。《推动共建丝绸之路经济带和 21 世纪海上丝绸之路的愿景与行动》涉及18 省份[11]，其中关中地区是面向中亚、南亚等国家的物流枢纽、重要产业和人文基地。

4）打造省域核心地带——"金城千里，天府之国"

关中自古资源丰富，灌溉发达，盛产小麦、棉花等农作物，是农耕文明的主要代表地区。战国时称关中"田肥美，民殷富，战车万乘，奋击百贸，沃野千里，蓄积多饶"。关中"天府之国"称号比成都获得早半个世纪，关中农业高产区主要集中在县域地区。

1.1.2 研究范围

关中位于陕西省中部，地处我国内陆地理中心。东西长约 300 公里，东到潼关，西至宝鸡，南抵秦岭，北至北山山系。因在函谷关和大散关之间，称为"关中"。关中县域包括西安、宝鸡、咸阳、渭南、铜川五市行政管辖范围内 31 个县。其中西安市包括 3 县，蓝田、周至、户县；宝鸡市包括 9 县，凤翔、岐山、扶风、眉县、陇县、千阳、麟游、太白、凤县；咸阳市包括 10 个县，礼泉、武功、乾县、泾阳、三原、永寿、彬县、长武、

旬邑、淳化；铜川市包括 1 个县，宜君；渭南市包括 8 县，华县、潼关、富平、蒲城、澄城、富平、白水、合阳，总面积 4.1 万平方公里。

1.2 研究内容与研究方法

1.2.1 研究内容

总体上分理论综述、框架体系构建、研究总结与展望共 3 部分，8 个章节。

（1）第一部分：理论综述，包括第 1 章与第 2 章

第 1 章——确定方向：明确选题背景、研究目的与意义，阐述研究地域、研究视角，界定研究对象、论述研究方法，搭建研究框架。

第 2 章——理论综述：界定城乡空间结构的相关概念，论述相关理论基础研究，对研究进行评述。以问题为导向明晰城乡空间结构转型的重点与难点，为研究提供理论支撑。探究国内外先发地区城镇化发展经验，与关中地区进行对比，为实证研究提供经验参考。

（2）第二部分：框架体系构建，包括第 3 章、第 4 章、第 5 章、第 6 章

第 3 章——理论模式建构：以新型城镇化内涵为思考基点，回顾城镇化发展历程与问题剖析，探讨新型城镇化的价值内涵与发展目标，构建新型城镇化背景下县域城乡空间结构转型模式、推进路径、转型机制。

第 4 章——现实审视：对关中地域发展条件系统梳理，对关中城乡经济社会发展进行判断，对城乡空间特征量化分析。对 31 个县域城乡空间结构进行类型划分，客观准确审视关中县域城乡空间结构特征。

第 5 章——适宜性模式选择：明确适合关中县域城乡空间结构转型的目标体系，寻找关中县域城乡空间结构转型的转型机制，建构关中城乡空间结构转型发展的适宜模式。

第 6 章——典型实证研究：选取典型县域富平县域、蒲城县域、潼关县域作为实证对象。通过研究县域城乡自然特征、城乡关系转型、城乡空间结构转型，探究不同类型的城乡空间结构转型发展的机制与路径。

（3）第三部分：研究总结与展望，包括第 7 章、第 8 章

第 7 章——形成规划策略：构建关中县域城乡空间结构转型发展的规划策略体系，规划技术创新策略、空间转型规划策略、规划实施管理策略，对城乡空间结构转型发展进行策略补充。

第 8 章——研究总结与展望：总结全书，归纳创新点，对研究前景予以展望。

1.2.2 研究方法

采用理论与实证[12]、定性与定量、静态与动态三种研究方法。理论与实证是在文献基础上进行分析与归纳，选择典型县域进行实证解析；定性与定量是建立在客观定性认知基础上，通过科学数据进行计算与定量判断；静态与动态是以动态发展的角度研究静态城乡空间结构的阶段性图景、特征与作用机制。

（1）理论与实证相结合

进行大量的文献阅读与理论研究，全方位收集资料并系统梳理。详细了解国内外城乡发展的历程与未来趋势，总结城镇空间结构的相关理论，进行城镇空间转型的必要性与转型方向的探究。在理论研究基础上进行详细调研，通过现场深入调查、问卷调查、深度访谈、实地调研等手段，对典型县域进行实证研究。

（2）定性与定量相结合

本书在构建新型城镇化背景下县域城乡空间结构转型内容、框架、目标与机制上采取定性研究，从理论推导与逻辑分析出发。在定性分析的基础上[13]，选取关中县域进行定量分析，首先基于 AHP 模型对关中县域城乡发展水平进行判断与排序，应用 BBC 模型分析判断关中县域城乡空间现状绩效，分析现状城乡空间结构的特征。通过定性与定量的结合研究，可全方位认知城乡空间结构[14]。

（3）静态与动态相结合

城乡发展既是动态演进的过程，亦是某时间阶段的发展结果。考量城乡体系是否有序，城乡发展是否合理，需对当下状态的城乡空间结构进行考量，判断未来城乡空间结构的趋势。通过研究城乡空间结构的总体特征、人口规模等级、城乡建设用地布局，并采用阶段性的静态分析，通过客观数据收集与分析，加以理论推导，总结出阶段性静态城乡空间结构的特征，通过不同阶段的分析叠加，成为动态的分析方法[15]。将静态与动态分析相结合，以发展观的角度对城乡空间结构的演进、变迁、成因加以客观分析。

1.3 研究框架

本书研究框架见图 1-1。

1.4 研究意义

（1）理论意义

城乡空间结构转型是基于我国城乡所出现的矛盾与发展趋势而提出，国内外针对城乡空间结构相关研究具有一定基础。随着城镇化的深入，加快城乡空间结构的演化与变迁，调整城镇化推进重点，是实现城乡空间结构优化的基础。以新型城镇化为背景，促进城镇体系合理发展，协调城乡产业、土地资源与生态环境之间的关系，引导人口有序流动，是实现城乡可持续发展的关键。本书通过相关理论梳理，对比国内外与东西部城乡发展差异，审视城乡空间结构转型的内在逻辑，探讨先发地区城乡空间结构转型的经验模式，构建新型城镇化背景下县域城乡空间结构转型的理论模式，对城乡建设与发展具有参考作用。

（2）实践意义

县域作为我国最基本的行政建制单元，是真正落实城乡经济一体、城乡社会融合、城乡文化共荣、城乡空间转型的地域单元。县域是解决当前城乡二元格局、实现整体意义上城乡一体化发展的关键。应将城乡纳入共同研究，互补分工、合理发展、有序建设[16]，促进县域各生产要素在城乡之间自由流动[17]。关中县域是承东启西、连接南北的战略要地。立足于关中县域，结合地域基本特征与时代发展诉求，探究关中县域城乡发展现状、城乡发展水平与城乡发展演进历程，分析城乡空间结构转型的内涵、目标、趋势、机制，将城乡空间结构进行类型划分，最终寻找关中县域城乡空间结构转型发展的适宜模式。

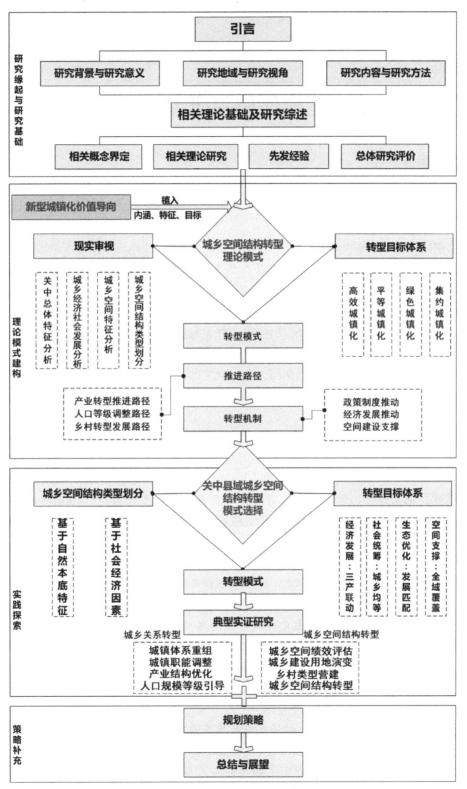

图 1-1 研究框架图

图片来源：作者自绘

第2章 国内外相关研究及经验借鉴

2.1 相关概念界定

2.1.1 城乡空间及城乡空间结构

（1）空间

"空间"是与时间相对的一种物质存在形式[18]，包括物质空间、非物质空间。城乡空间属物质空间，指城乡范围内所有地理要素与人类活动在空间上的投影及投影所形成的空间分异结构，包括产业空间、社会文化空间、生态空间、聚落空间等。城乡空间是城乡范围内各要素综合叠加的地域整体[19]。由于我国特殊管理制度导致城乡二元结构，造成城乡空间分离出城市空间与乡村空间。城市空间是容纳城市各种活动的载体和容器[20]。乡村空间依托土地所承载的空间，在二维空间内对不同类型土地性质进行类型划分与部署。城乡空间是城市和乡村社会、经济、生活的共同载体，终极目标是城乡之间高度融合。

（2）空间结构

各空间要素在三维空间的位置在二维空间的投影，呈现结构性的组合方式[21]。空间结构广义解释为特定系统中各要素在空间上的分布与组合形态，相互关系抽象为点、线、面进行描述。狭义解释为结构构件或者其上的荷载在同一个平面[22]。本书所探讨的空间结构指城乡空间所有自然要素与人类生产、生活要素在地理空间的分布及各要素所形成的结构性的组合方式。

（3）城市空间结构

城市空间结构是城市中物质环境、功能活动和文化价值等要素的表现形式[23]，是由承担不同职能、相对独立的中心区所组成，从城市整体层面将中心区所在位置连接起来[24]。Fuley 和 Webber 两位学者最早试图建构城市空间结构概念[25]。城市空间结构通过文化与功能价值、物质环境组合而形成结构特征。Bourne 试图用系统理论来定义城市空间结构、城市要素的空间布局和相互作用机制。Harvey 认为任何城市理论必须建立在研究空间形态和内在机制的基础上。

（4）乡村空间结构

乡村空间结构是由多层次的乡村居民点及其周围空间组合而成的地域系统，是以乡土文化和风俗习惯为纽带形成的邻里关系[26]，空间特征与各个居民点之间分布和等级规模有关，是地域上所有要素、功能空间上的排列与人类各种活动相互作用的结果[27]。城乡发展处于动态变化中，城乡空间各个要素的排列组合方式受其影响。作用机制包括人类价值观与制度、自然地形、技术手段及社会、经济与政治力量[28]。

（5）城乡空间结构的构成要素

包括城乡经济空间结构、城乡社会空间结构和城乡生态空间结构。在城市中不同制度或组织工具决定着不同生产要素的配置方式，影响城市空间结构的组织和演进模式[29]。城市空间结构系统必须借助于经济、社会、生态等加以显现。

1）城乡经济空间结构

各种经济要素在时空配置出现的结果，是城乡经济空间结构，决定城市的聚集经济效应及演进趋势[30]。包括产业区位、规模与聚集程度，从而形成不同规模的城乡经济空间。

2）城乡社会空间结构

城乡空间结构的社会属性，是由不同社会群体活动所产生的空间与配套功能空间，本书特指县域空间范围内的城镇建成区与乡村居民点等用于居住、生活、娱乐等城乡建设用地范围。

3）城乡生态空间结构

在城乡范围内生态系统内各构成要素之间的空间位置、组织方式、组织秩序在时空上的表达，受经济转型、社会转型、文化活动等影响的空间反映，最终形成环境友好、资源节约的生态空间格局[31]。

2.1.2 县域及县域经济

县域是县级行政区范围，党的十六大第一次提出"县域"的概念，积极推进农业产业化、农业现代化经营，提高农业综合效益，发展农副产品加工业，引导农业的技术化与产业化运营，壮大县域经济发展[32]。党的十六届三中全会将发展县域经济提到战略高度，县域经济受到前所未有的重视，中国走向县域经济时代已是大势所趋[33]。县域经济是建立在县域尺度上，以县域中心城市为核心，以乡镇为纽带，以乡村及广大农田为腹地的区域经济。县域经济介于城市经济与乡村经济之间，是国民经济的基本单元与增长点[34]。县域经济不能盲目追求"小而全"，依据特点"宜农则农""宜工则工""宜商则商""宜游则游"。新型城镇化是县域经济发展主要方向，解决农民贫困问题、乡村社会问题，着重发展和壮大县域经济，发展现代农业和规模农业，扶持特色型支柱产业。加快县域金融改革，改善县域投资环境。从软件上给县域经济提供便利，增加农民就业机会，拓展就业渠道。

2.1.3 县域城乡空间结构

县域城乡空间结构是指在县域内中心城市、各建制镇、中心村、基层村受政治、经济、交通、文化、资源等综合影响，呈现出不同的职能分工、发展定位、发展规模，通过交通发展轴、产业发展轴予以相连，在县域内进行合理布局，最终构成县域尺度上城乡空间结构性的图景（图2-1）。

县域城乡空间应在区域发展理论基础上，结合县域城乡空间发展条件、城乡发展质量等要求，优化城乡各类空间的组合关系，达到协调发展目标[35]。大城市地区周边县域城乡空间结构特征基本上从离散性逐步向聚集型——密集型——一体型城乡空间结构发展。在城乡空间结构发展趋势上，实用主义思维指导下县域城乡空间融合一体，理性主义思维指导下城乡等值型县域城乡空间融合，理想主义思维主导下生态空间型县域城乡空间融合[36]。在城乡空间结构构建方面，目标是构建与城乡经济社会融合发展相匹配的城乡空间结构体系，形成紧凑发展的城镇空间、有机分布的乡村空间、持续开敞的区域生态空间[37]。

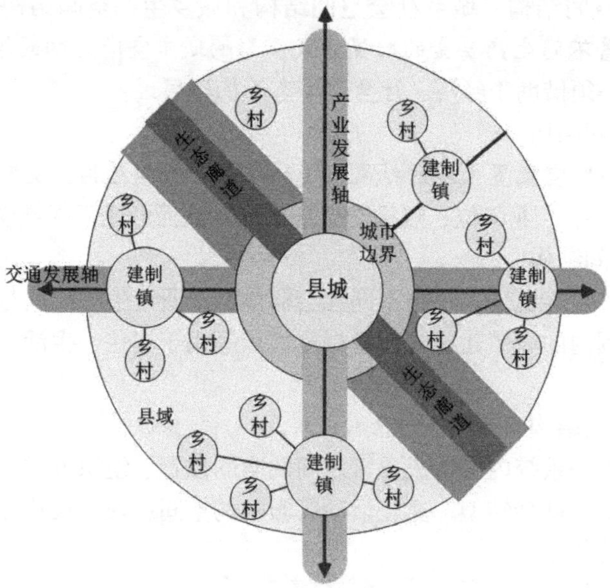

图 2-1　县域城乡空间结构示意图

图片来源：作者自绘

目前我国正处于县域城乡空间结构转型时期，实现城与乡在空间上的一体化发展，经济上带动发展，社会上协调发展，生态上融合发展。划分城乡空间单元与结构类型，根据不同类型、不同单元补充城乡空间结构转型的策略。通过优化生产力布局，提高城乡空间增长效率。通过空间增长方式的合理引导，促进经济结构与就业结构的平衡发展，避免空间、产业城镇化发展速度快于人口城镇化。构建体系完整、功能完善的城乡空间格局，达到形式与内涵统一[38]。

2.1.4　转型与空间结构转型

转型指事物结构形态、运转轨迹和生活观念的根本性转变[39]。转型类型由不同转型主体而决定，空间转型是三维物质空间在适应新政策、新机制及主导因素催化下的空间性调整。乡村空间转型透视乡村经济转变[40]。随着中心城市带动发展，乡镇企业推动，外向型经济发展与美丽乡村建设，乡村空间由"自然演进型"向"农村社区型"转型（图 2-2）。转型动力源于城镇化深入、现代农业发展、土地集约利用、剩余劳动力释放。最终将小城镇推动成为区域性人口集聚中心、商品集散中心、产业集聚中心。促进工业向园区集中、农民向小城镇集中、居住向社区集中[41]。

受长期以来"重城轻乡"的影响，关于城市空间转型的研究较多。城市相对于经济区和城镇体系来说，在经济方面有重要地位、政治和文化生活方面起关键作用[42]，具有较强辐射能力、吸引能力、综合的服务能力[43]。随着全球化推进、新技术应用以及环境与资源压力的增加，城市发展进入一个总体转型的历史阶段[44]。因此城市空间转型是在城市生产方式的转变过程之中，转型问题涉及经济、政治、法律、社会、文化等[45]。目前我国正由工业化中期向后工业化社会转变，工业化是转型的基本动力，城镇化是转型的核心动力，现代化是转型的主要动力。其他发展动力还包括城市发展理念的转变、城市发展阶段的跨越、资源环境容量的约束、技术及研发的进步以及居民消费需求变化等[46]。

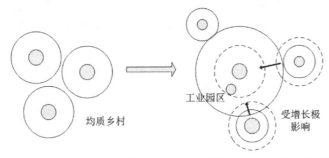

图 2-2　"自然演进型"的传统空间向"农村社区型"空间转型示意图

图片来源：作者自绘

2.2　理论研究进展

城乡空间结构理论从城乡空间结构研究、城乡空间发展研究、城乡空间关系研究三方面进行论述。

2.2.1　城乡空间结构研究

（1）城乡二元结构

最早由美国学者刘易斯在 1954 年《劳动为无限供给下的经济发展》中提出二元结构理论[47]，是城乡空间结构理论的雏形，对发展中国家的城乡发展进行描述，指出这些国家普遍存在二元经济结构问题。二元经济结构指传统农业集中在乡村，工业集中在城市，造成城乡发展的二元结构。1960 年由费景汉—拉尼斯提出二元经济结构模型，不单一重视工业发展而出现被动式二元结构，倡导农业与工业的平衡发展，实现农业人口向工业人口转移。1970 年哈里斯和托达罗针对社会问题提出农业发展是缓解城市问题的重要手段，是打破城乡二元结构的关键点。

（2）增长极

20 世纪 50 年代法国经济学家佩鲁提出增长极概念，认为城乡空间结构的变化首先是增长点与增长极变化，不同规模的增长极以不同速度向外扩散，对整体经济产生不同程度的影响[48]，从区域经济角度对城乡空间结构进行研究。增长极包括规模、速率、效率，研究增长极形成历史、资源优势、经济技术等。随着增长极逐步演变成区域发展的核心，具备相应经济规模，对地区发展起到带动作用[49]。学者缪尔达尔针对"增长极理论"提出异议，1957 年在《经济地理和不发达地区》中提出"循环积累因果原理"，认为增长极会造成城乡地区的极差现象与"马太效应"，造成城市快速发展与乡村地区的滞后。学者赫希曼提出"空间极化效应"与"涓滴效应"，强调经济发展对欠发达地区的带动与推动作用。增长极理论强调"增长极点"对区域发展的影响，加大区域增长极之间的差异，对县域城乡空间结构转型与发展具有借鉴作用。应集中政策、资金、技术在县域中心城市与发展较好的建制镇，通过聚集与扩散效应带动县域整体发展[50]。

（3）中心地

1933 年德国地理学家克里斯塔勒在《德国南部的中心地原理》中提出中心地概念。指出区域经济发展前提基于城市级别、土地规模、人口规模、聚集数量及内部空间结构与空间形态。他通过对德国城市与乡村进行实际调查，发现德国城乡空间结构受交通、市场和行政因素影响，呈现三角形空间形态。中心地是区域中心，向周边提供各种服务功能，包括城市、小城市、城镇或具有一定规模的乡村聚集区。克里斯塔勒的中心地理论将具有服务功能的中心进行划分，对城市等级进行划分，城市内部与城市之间相互作用为县域城乡空间结构演进提供支撑。克里斯塔勒提出的中心地理论中忽略聚落体系空间演进中消费者的作用，影响城镇集聚形成的规模效应[51]。

（4）点轴扩散理论

在区域经济研究领域波兰经济学家萨伦与马列共同提出"点轴理论"，是对增长极理论的优化。我国经济地理学家陆大道结合国情提出"点轴渐进扩散理论"[52]，"点"类似于"中心地"，包括城市、县级市、中心镇、中心村，是人口、用地集中，产业聚集的地区。"轴"是串联所有中心地的交通廊道、基础设施廊道、生态廊道等。通过连接不同等级的"中心地"形成城镇带与城镇群。所有产业和人口都集聚于"点"，当"点"通过集聚发展到一定程度时，产业及人口又向周围区域扩散[53]。扩散效益受不同作用力产生不同强度，作用力沿带状廊道的方向。点轴理论对于县域城乡空间结构转型具有借鉴意义，在县域范围内选择县域中心城市、重点镇、重点社区进行重点发展，通过不同等级、不同功能的廊道轴线串联中心地，增强县域整体性。

（5）区域空间结构演进阶段

英国经济学家怀特黑德在《经济学》中提出区域空间结构演进阶段理论，工业化发展造成工业空间扩大，由原始家庭式作坊拓展到乡村内部，再拓展至小城镇、城市，最终发展到全国范围。部分国家由于整体工业化发展较强，逐步成为世界产业的主要生产区，成为全球范围内空间等级结构的极核。该理论探讨空间结构演进的四个阶段：低端均衡发展阶段、极核聚集发展阶段、极核扩散发展阶段、高级均衡发展阶段。低端均衡发展阶段是在低端手工业发展背景下，各聚集点经济相对独立、分散，受地域要素流动影响少。极核聚集发展阶段是指随着技术手段提升，经济产业发展具备一定基础，部分中心城市出现极化效应。随着聚集效应增强，产业规模扩大，相继出现配套产业，促进中心城市的发展。

极核扩散发展阶段是随着极核点不断集聚，规模与作用不断增大，依托交通网络向外扩散。扩散中伴随生产要素向城市聚集、生产力要素向乡村聚集。在城乡之间出现大量复杂等级体系，城乡之间关联度逐步紧密。高级均衡发展阶段是指经济发展较好，交通网络覆盖率高，城乡发展呈现一体化发展，处于高水平的均衡发展阶段[54]。

（6）乡村聚落演进模式

美国学者 Plattaer 提出乡村聚落演进模式，主要分为混沌发展阶段、低端发展阶段、中心化发展阶段。混沌发展阶段是指乡村发展以自然形成的聚落为主，相互之间没有任何关联。低端发展阶段是指摆脱缓慢相互隔离式的发展状态，乡村聚落中心出现，与城市经济联系频繁。中心化发展阶段是指步入乡土社会，具有特色农业产品和乡村等级格局形成。乡村聚落演进模式是从市场角度探究乡村演进轨迹，缺乏考虑工业化对乡村发展的影响，是传统经济下乡村聚落演进形式，对中国西部地区乡村发展具有借鉴参考价值。

（7）北美城乡空间结构模式

美国社会学家伯吉斯于 1923 年提出同心圆结构模式，由五个同心圆带组成，由内及外依次是中心商业区、生态过渡带、工人住宅区、居住区、通勤区。从动态变化角度分析城市格局，但未考虑城市交通轴线对城市格局的影响。1934 年霍伊特通过对 64 个美国大城市调研后提出扇形模型，认为城市地域扩展形态为扇形，比同心圆模式更符合城市发展现状。城市拓展作用力不均衡，城市住宅区由市中心沿交通线向外作扇形辐射。1933 年麦肯齐（R.D.McKenzic）在《大都市社区》中提出城市多核心模式，C.D.Harris 和 E.L. Ullman 加以延伸，强调城市由多个核心组团构成，组团内部有一个中心，由此带动城市发展。随着城市规模扩大，新的商业中心随之而产生。

（8）区位论

农业区位论由德国学者杜能提出，研究农业空间经济组织和优化理论、不同农业活动在不同地域范围内最佳选择。强调人工产品仅来源于城市，理论研究地域内仅存一个城市，马车是唯一的交通工具，城市之外用地均可耕作，土地质量与耕种产量相同（图 2-3）。韦伯在《工业区位理论：论工业区位》中提出工业区位论理论，结合 1861 年德国工业发展状况与国家经济发展水平进行综合研究。认为运输成本决定着工业区位的基本导向，理想工业区位是生产和分配要素中所需要里程最少的地方，影响区位核心因素为运输费用、劳动力费用、集聚力作用，但属于过于孤立静态分析的区位理论。

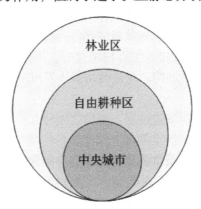

图 2-3　杜能农业区位理论模型关系图

图片来源：《孤立国同农业和国民经济的关系》，1826

2.2.2　城乡空间发展研究

（1）城乡 Desakota 发展模式

加拿大学者麦吉（T.G.McGee）通过对亚洲国家系统研究提出"Desakota"概念，是一种建立在区域发展基础上的城市化发展模式，实质是城乡之间统筹协调和一体化发展模式[55]。Desakota 模式以农业生产为主，随着城市内部工业产业逐步外溢，伴随乡村地区迁入工业与商贸业的发展，区别于大城市居住区的外移。产业转移给 Desakota 区域内农民提供多种就业机会，形成城乡之间经济要素流动与生产要素重新配置（表 2-1）。

（2）城乡连续发展模型

美国学者罗吉斯在《乡村社会变迁》中提出，城乡连续发展模型是介于乡村聚落与城市社区之间的一种人居聚落。学者 Michael Pacione 在《乡村地理学》中提出城乡连续谱，通过类型学构建城乡发展新模式。学者帕尔认为城乡连续发展模型过于主观，从个人角度对城乡进行评判，难以客观准确。它将城乡关系进行细化，通过不同因素的耦合与影响叠加，综合形成城乡空间结构类型。城乡连续发展模型对城乡动态发展有一定揭示作用。

城乡 Desakota 发展模式一览表　　　　　　　　　　　　表 2-1

项目	类别	区位	成长动因
基本类型	Ⅰ	大都市周边型	城镇化过程为主
	Ⅱ	交通沿线型	多个大城市彼此扩散
	Ⅲ	邻近区域型	人口长期高速增长
总体特征	生产水平高、农业增长迅速、人口密度大、邻近大都市和交通干线、城乡环境良好、土地利用多元化、外资不断进入、妇女在非农中就业率高、制度建设和行政管理相当复杂		

图表来源：朱彬. 江苏省县域城乡聚落的空间分异及其形成机制研究［D］. 南京：南京师范大学，2015

（3）城乡网络化发展模式

关于城乡发展系统过程研究，包括地域发展系统、产业分工系统。曾菊新于 2011 年提出中国式城乡实践模式[56]，强调依赖性决定城市不能单独存在，与外界进行信息、文化、物质、生产要素的多重交流，城市之间、城乡之间点线相连构成网络状地理形态[57]。实现城乡网络化融合关键是促进城乡空间网络交融[58]，促进城乡整体健康均衡演进。随着对城乡网络化研究深入，相继出现城镇网络化、产业网络化、基础设施网络化、企业网络化、市场网络化[59]、立体网络化、生态网络化等，不同网络叠加共同构建城乡网络模型，通过网络连接线连接、相互制约，促进网络整体发展。

（4）城镇相互作用理论

从城市地理学角度研究城镇演进过程，城镇之间相互作用、相互作用后空间变化，构成一定结构、功能、城乡体系[60]。空间相互作用包括信息、技术、文化、政策、资金，基础设施、公共服务设施的分布、城市建成区的规模与集聚程度、乡村居民点规模等。学者 Chorley 和 Haggett 于 1976 年在《地理模型》中将物理学热传导效应原理引入空间理论，指出空间相互作用需要交通网络与信息通信才能实现。学者乌尔曼提出互补性、移动性和中介化三原则[61]，受地域、经济、自然气候、人文与区位等因素影响，城镇空间结构产生差异，城镇之间产生互补性与移动性，形成"距离衰减理论"。弗里德曼、科恩、沃尔夫学者提出世界城市体系理论，基于全球尺度考虑城镇相互作用、带动、扩散等关系，开启将城镇相互作用影响以定量分析研究的新视角。

（5）城乡一体化理论

美国城市理论家芒福德在《城市发展史》中提出城乡同等重要，必须有机结合、一同发展。1985 年日本学者岸根卓郎从国土规划角度提出城乡融合发展规划，打破原有二维平面规划，将自然生态、空间形态纳入，建立城市融合发展规划。1980 年城乡关系与城乡一体化研究开始关注乡村与小城镇。2000 年以后关于城乡一体化发展理论逐步达成统一，探讨城乡互相促进发展过程，是城镇化进程必然趋势，是缓解城乡二元矛盾的核心手段。城乡一体化是中国现代化和城市化发展的新阶段。随着生产力发展，促进城乡居民生产方式、生活方式和居住方式改变，使城乡人口、技术、资本、资源等要素不断融合[62]。

（6）经济地域发展论

强调经济发展、经济规模、等级结构在时空发展中呈现空间演变，包括要素的自由组合与流动、经济分级与分工，总体规律为非线性均衡发展。城市是区域经济发展增长极，主导经济产业在城市内部建设，对广大农村腹地具备一定的吸引作用。伴随着城市规模、发展层次、发展功能的变化，产品、技术、信息、人才等向农村扩散，促进农村地区经济整体发展。城乡地域范围内呈现梯度转移规律，是城乡地域发展理论的重要规律。工业分布在科技力量强、产业结构较好的大都市。随着产业扩散产品流动，第二梯度城市接受并消化大都市的工业产品，逐步再向第三、第四梯度的城镇与农村转移。

（7）人口迁移理论

人口迁移理论从乡村劳动力空间流动动力、过程、流动方向、流动规律等方面揭示城乡关系的变化过程，包含三大理论。其中第一理论为"推—拉理论"，城乡发展推力是迫使居民迁出的社会、经济、自然压力，拉力是吸引其他地区居民迁入的引力，共同作用促使人口迁移。第二理论为"人口迁移转变假说"，由泽林斯在1971年提出，分析人口出生率与死亡率及社会经济发展关系，认为城乡社会发展共分五个阶段，不同阶段人口迁移规律不同。第三理论为"配第—克拉克定理"，由英国学者配第和克拉克提出，认为农业、制造业、商业等不同产业由于收入差异，促使劳动力从农业向制造业转移，再由制造业向商业转移，总体上第一产业从业人口逐步减少，第二、三产业从业人口不断增加。

（8）可持续发展

1972年《增长的极限》一书使全人类意识到人口、资源、粮食、环境等问题的严重性，有限的环境承载力直接威胁到人类长远生存与发展。1987年联合国在《我们共同的未来》中提出可持续发展概念，强调从长远城乡发展的大局观出发，实现经济、社会、生态效益的统一，实现发展的可持续增长。

（9）存量发展

存量发展是城镇化发展转型。城镇化进程可分成增量发展和存量发展两个阶段。存量发展不是转型完成后"城市更新"，而是转型过程中"城市再造"。主要通过对现状建设用地范围内闲置土地和利用不充分、不合理、产出低的土地，特别是对现有城市建设用地中的低效利用的、破产企业闲置的建设用地，破旧星散村落、废弃工矿等用地进行二次利用，保障各类建设落实。

2.2.3　城乡空间关系研究

（1）田园城市

美国学者霍华德在《明日：一条通向真正改革的和平道路》中提出构建田园城市的构想：建设一种兼有城市与乡村优点的理想城市，用城乡一体的思维解决英国因快速城镇化而出现的拥挤、污染、疫病流行等问题。田园城市规模6000英亩，城市居中占地1000英亩，四周农田占地5000英亩。功能包括耕地、牧场、果园、森林、农业学院、疗养院、居住等。居住32000人，其中30000人住在城市，2000人散居在乡村。完整的田园城市为圆形，由六个扇形区组成。中心为公园辐射整个城市，由中心辐射六条主要干道连接六个扇形区域。城市土地归公众所有，公众委托委员会进行管理。田园城市打破原有城乡对立的角度，构建一种全新的城乡空间关系模式，从新角度探究城乡空间的相互关系，对缓解当代城乡发展矛盾有着重要作用。

（2）有机疏散

学者沙里宁为缓解城市过分集中所产生的弊病而提出。有机疏散理论的萌芽理论于1918 年制定"大赫尔辛基"方案之后提出[63]。1942 年他对有机疏散理论进行深入探讨，发表在《城市：它的发展、衰败和未来》中，从土地产权、土地价格、城市立法等方面论述有机疏散理论的必要性和可能性[64]。有机疏散理论认为工业布局应剥离城市中心，行政事业单位需要匹配居住。由于工业外迁出现空置用地，可增设绿地和生活设施，降低城市中心区的建设密度。部分家庭会寻找拥有较好环境品质的居住社区。"有机疏散"理论是将区域中囊括城乡整体考虑，通过城乡区域均质体构建，缩小城乡差距，达到城乡发展有机共融[65]。它为我国解决大城市的城市病，城市与乡村协调发展有借鉴参考作用。

（3）人居环境学

人居环境学是一门以人类聚居为研究对象，着重探讨人与环境之间的相互关系的科学[66]。希腊学者道萨迪亚斯（D.A.Doxiadis）提出"人类聚集学"的概念，是一种基于小尺度和大尺度的多层次聚集学研究，囊括乡村、集镇、城市等，主要以人类生活环境为考量目标，以人类活动为核心研究[67]。在此基础上吴良镛先生结合中国多年社会实践与理论思考，提出人居环境科学导论。研究以人类聚落为对象，探讨生产、生活与环境之间相互关系。人类一切生产、生活的活动都是基于空间场所，从四位一体角度探讨城乡发展关系，为新型城镇化背景下城乡发展提供新思路。

2.2.4 研究进展评述

（1）总体评价

1）国外研究部分

研究范畴从单一物质空间拓展到空间其他属性，如空间经济性、社会性、生态性等；从早期古典区位论到现代空间结构研究[68]；由单一学科拓展到多学科交叉；研究方法从定性描述到定量评价；从空想状态到理想状态再到全球化背景下的综合性耦合化研究。总体上可归纳为，研究模式：侧重于理论模式构建，城乡空间结构理论模式、城乡空间演进过程、机制等方面有较多的研究成果。研究方法：研究尺度与研究对象从较为微观，逐步转向宏观和微观相结合的分析方法，运用现代研究的相关原理、手段和计算模型方法，优化设计地区空间结构[69]。研究理论背景：由于社会背景差异，大部分研究集中在资本主义国家，以市场经济体制价值为模板，审视各项公共政策、调节机制等对城乡空间发展影响[70]。虽然国家主导机制不同，以市场运行下所产生的机制、演进规律、城乡空间结构特征均具备参考和借鉴价值。但国外研究中忽略行政手段对城乡发展的重要影响，忽视人口等级规模对城乡空间的影响。

2）国内研究部分

由于国内相关研究在近现代发展中受政治制度影响较大，造成不同阶段研究的侧重点存在差异，总体呈现六种特征。研究对象：基本处于学习发达国家与发达地区的阶段。早期处于学习西方城市规划理论与方法的阶段，近期处于学习我国东部沿海地区城市规划理论与实践的阶段，通过先发地区经验与实践对比，结合研究对象发展现状，探索适宜的发展模式。研究领域：未形成真正多学科交融研究。城乡规划学研究主要集中于本学科内对空间与土地认知。与地理学、经济学有少量学科交叉，与社会学仅局限于社会分区分析应用。研究方法：未形成完整的分析方法体系。近些年利用"大数据"分析方法来研究中国城乡关系与城乡问题，主要处于总结、归纳、借鉴阶段，未有切实可行的研究方法。研究深度：在我国特殊城乡问题下，不能完全使用西方城市空间结构理论。国内对城市空间结构形成机制的解析性研究仍未找到很好的切入点，对空间剖析缺少本质研究，研究深度略显不足[71]。研究层次：多以宏观区域或者宏观理论研究探讨城乡关系与城乡空间发展，微观实证研究较少。

（2）主要启示

1）影响城乡空间结构演进的根本原因、动力机制需要进一步探究

针对城乡空间与城乡空间结构相关研究，不仅需要研究城乡空间结构特征，还需探究其空间特征下内在机制，包括城乡空间结构形成的动因、城乡空间演变历程、城乡产业发展、城乡人口规模的变化、城乡建设用地演变等。将复杂影响因素进行系统梳理，通过一一对应与多重耦合叠加，探究影响城乡空间结构的多重作用机制。针对关中县域城乡空间结构的研究空白，必须结合关中地域特色，展开关中城乡空间结构特征与作用机制研究。

2）城乡空间结构属于某阶段的图景展示，不同发展阶段的城乡特征具有相应的空间结构转型模式

不同城乡发展阶段有着不同空间形态，县域中心城市、小城镇、乡村的关联度、辐射带动作用、图景关系均有所不同，具体包括城乡建设用地规模不同、城乡人口规模等级不同、城乡城镇体系关系与城乡职能不同、城乡发展主导产业不同。因此对应不同发展阶段需探究空间结构特征与转型发展的模式。关中县域具有特殊的地理区位、地形地貌、经济社会条件与镇村体系，决定了其在城乡空间结构发展中区别于东部地区、大城市地区。应借鉴相关研究成果，建立适宜关中县域城乡空间结构及优化模式[72]。

3）针对县域的特殊研究范围，规划方法与策略需要进一步优化

现有研究较多着眼于城乡空间发展中的机制分析，着眼于现有规划编制体系的问题研究，但针对县域研究尺度，缺少城乡空间结构转型的模式、规划方法、规划策略的探讨。

2.3　实践经验借鉴

2.3.1　国外先发地区经验

（1）国外城镇化的发展历程

1）工业革命以前（1850年之前）处于封建社会，城市分布在利于农业、防御和贸易区位，规模不大，人口在10万以下[73]。到公元100年时，全球城市化率仅为4.7%，到1885年城市化率仅为6.4%[74]。该阶段城镇化进程最为缓慢。

2）工业革命及工业化时期（1850～1950年），以瓦特发明蒸汽机为标志的工业革命，促进生产方式的改变，带动大规模生产，促进人口集聚，全球城市化平均水平提高到29.4%，是前一阶段的四倍。但城镇化较快地区主要是欧洲和北美洲。

3）后工业革命时期（1950年至21世纪前10年）进入城市时代。通过60年全球城

市化水平提高 22 个百分点，截止到 2011 年全球总人口增加至 69.74 亿，城市人口 36.32 亿，城市化率达 52.1%[75]。标志着人类经济社会活动进入城市时代。根据联合国相关预测，2025 年千万以上人口城市在总人口中所占比重将达 13.6%，超过 50 万～ 100 万人口城市所占比重[76]。

（2）国外城镇发展的阶段划分

经济学家 H·钱纳里对世界发达国家进行工业化发展研究，根据人均 GDP 发展水平，将工业化发展划分为三个阶段六个时期。人均 GDP 在 728 美元至 5460 美元之间分为初期工业化、中期工业化、后期工业化阶段（表 2-2）。

人均 GDP 与工业化阶段划分一览表　　　　　　　　　　　　　　　　表 2-2

时间	人均 GDP（美元）	经济发展阶段	
I	364 ～ 728	初级产品生产阶段	
II	728 ～ 1456	工业化阶段	初期
III	1456 ～ 2912		中期
IV	2912 ～ 5460		后期
V	5460 ～ 8736	发达经济阶段	初级
VI	8736 ～ 13104		高级

图表来源：陈颂东. 工业化的阶段性与工业反哺农业［J］. 西部论坛，2015，（07）：1-10

经济发展伴随着人均 GDP 变化，工业化阶段评判标准出现差异。参考经济学家陈佳贵、郭克莎的研究换算，由 1960 年人均 GDP 200 美元标志着进入工业化发展阶段，人均 GDP 1500 美元进入后工业化阶段提升至 2010 年人均 GDP 1655 美元进入工业化发展阶段，人均 GDP 13240 美元标志着进入后工业化阶段（表 2-3）。

不同时代对工业化阶段划分一览表（单位：美元）　　　　　　　　　表 2-3

工业化阶段	前工业化阶段	工业化阶段			后工业化阶段	
时期	初级产品阶段	工业化初期	工业化中期	工业化后期	发达经济初级阶段	发达经济高级阶段
人均生产总值 1964	100 ～ 200	200 ～ 400	400 ～ 800	800 ～ 1500	1500 ～ 2400	2400 ～ 3600
人均生产总值 1970	140 ～ 280	280 ～ 560	560 ～ 1120	1120 ～ 2100	2100 ～ 3360	3360 ～ 5040
人均生产总值 1996	620 ～ 1240	1240 ～ 2480	2480 ～ 4960	4960 ～ 9300	9300 ～ 14880	14880 ～ 22320
人均生产总值 2000	660 ～ 1320	1320 ～ 2640	2640 ～ 5280	5280 ～ 9910	9910 ～ 15850	15850 ～ 23771
人均生产总值 2005	745 ～ 1490	1490 ～ 2980	2980 ～ 5960	5960 ～ 11170	11170 ～ 17890	17890 ～ 26830
人均生产总值 2010	828 ～ 1656	1655 ～ 3310	3310 ～ 6620	6620 ～ 13240	13240 ～ 26480	13240 ～ 26480

注：鉴于配第克拉克定理、库兹涅茨标准、霍夫曼定理、罗斯托标准的局限性，以陈佳贵等修正后的钱纳里模型为依据，判断我国工业化阶段。霍利斯·钱纳里等是以 1964 年美元计算工业化不同阶段的人均 GNP 的，由于美元币值的变动，学者郭克莎推算出 1964 年美元与 1996 年美元的换算因子为 6.2；陈佳贵等根据美国经济研究局（BEA）提供的美国实际 GDP 数据，推算出 1996 年与 2000 年、2005 年的美元换算因子分别为 0.981、1.062、1.202，2010 年相对 2005 年的 GDP 折算系数为 0.900。经修正后的判断工业化阶段的经济指标主要有人均收入水平、三次产业结构、就业结构和城市化率。图表来源：陈颂东. 工业化的阶段性与工业反哺农业［J］. 西部论坛，2015，（07）：1-10

1）初级产品生产阶段（图 2-4）

初级产品指未经加工或略作加工的产品。初级产品生产阶段指以农业生产为主，人类从事简单劳作获取产品，依靠简单农业生产与人工采摘。生产力水平很低，整体上发展缓慢。由于农业占主导地位，手工业与商业处于次要地位，造成聚集区内部活动联系大于聚集区之间联系，城乡空间结构呈现分散状态。

2）工业化阶段

① 工业化初级阶段（图 2-5）

主导产业由一产转向二产，以初级生产加工工业为主，生产率低且规模不大。城乡空间差异不大，乡村按耕种半径分布，乡村空间由农业经济空间与社会空间构成。城市空间规模相对较大，功能空间增加商品交换和零售。城乡空间结构是以城市为核心，周边散落乡村，城乡之间经济联系不多，空间关联度不高。

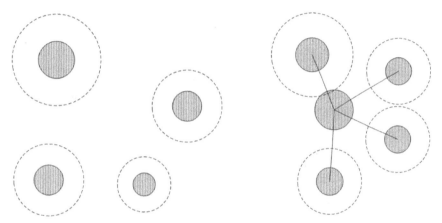

图 2-4　初级产品阶段城乡空间结构示意图　　图 2-5　工业化初级阶段城乡空间结构示意图

图片来源：作者自绘　　　　　　　　　　　　　图片来源：作者自绘

② 工业化中级阶段（图 2-6）

主导产业由轻型工业向重型工业转变，主要是指制造业。非农业劳动力开始占主导地位。城乡发展机制以经济发展为主，行政引导机制为辅。在经济发展动力中重工业生产为主动力，农业生产为辅。随着城市功能空间增多，劳动密集型重化工企业入驻城市郊区。城乡经济发展差距与空间差距拉大，乡村发展权利开始被剥夺，依然处于依靠耕种为主的农业种植阶段。

③ 工业化高级阶段（图 2-7）

保持一二产业协调发展，第三产业由平稳增长转入持续高速增长，成为区域经济增长主力。新兴服务业，如金融、信息、广告、公用事业、咨询服务发展较快[77]。动力出现市场推进机制，市场机制指按照成本最小、效益最大原则优化生产要素配置，提升社会整体资源配置效率。城市第二产业逐步外迁到周边乡村地区，城市内部空间出现多个功能相对完整的片区。乡村因工业迁入有新发展引擎，空间摆脱相对单一功能与空间形态，二元结构体系逐步形成。

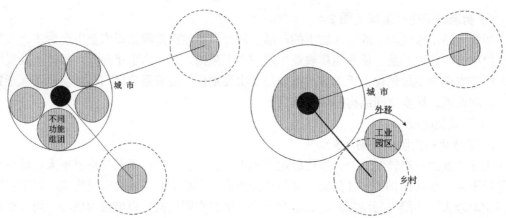

图 2-6　工业化中级阶段城乡空间结构示意图　　图 2-7　工业化高级阶段城乡空间结构示意图
　　　　　　图片来源：作者自绘　　　　　　　　　　　　　图片来源：作者自绘

3）发达经济阶段

①发达初级阶段（图 2-8）

制造业内部结构转变，技术密集型产业迅速发展。动力由政策引导、经济推动、社会协调及空间支持相互作用。城乡差距开始被重视，由"以城带乡"到"城乡融合"过渡发展阶段。城市空间受惯性作用继续发展，乡村迅猛发展，乡村空间扩大，打破原有依靠简单耕作半径的乡村布局，城乡空间结构骨架逐步拉大。

②发达高级阶段（图 2-9）

第三产业中知识密集型产业从服务业中分化并占主导地位。居民消费呈多样性，追求多元发展要求，不再单一追求城市生活，开始向往乡村生活。城乡空间除规模及设施配置外基本无差别，城乡达到高度融合，不再有地域、城乡、身份差异。发展动力依然多元，最终建成高度融合的城乡空间网络结构。

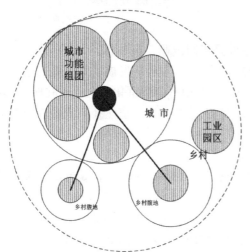 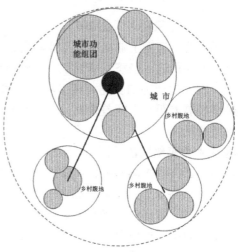

图 2-8　发达初级阶段城乡空间结构示意图　　图 2-9　发达高级阶段城乡空间结构示意图
　　　　　　图片来源：作者自绘　　　　　　　　　　　　　图片来源：作者自绘

（3）不同发展阶段的特征总结（表2-4、表2-5）

不同发展阶段具有不同城乡发展特征，直接影响城乡空间结构特征。

不同发展阶段城乡特征总结一览表　　　　　　　　　　　表2-4

发展阶段		主导产业	发展特征
前工业经济阶段		自然采摘，农业	原始积累还未达到，不存在转型
工业化经济阶段	初期	农业为主，低端加工为辅	原始积累还未达到，继续发展工业
	中期	以劳动密集型为主的重工业	面对经济发展转型趋势，经济原始积累还未达成，转型与转轨的可能性不高，需要着重发展工业，相对忽略环境、资源
	后期	第三产业	进入转型阶段，原始积累完成
后工业化经济阶段	发达初级阶段	以技术密集型为主的创意产业	整体产业结构无需调整，但内部产业需要优化和升级
	发达高级阶段	知识密集型产业	发展的最高阶段，无需转型

图表来源：根据相关资料绘制

不同发展阶段城乡空间结构形态一览表　　　　　　　　　表2-5

发展阶段		城乡产业特征	空间结构形态	空间演化过程
前工业阶段	初级产品生产阶段（农业经济）	第一产业占主导地位，手工业、商业处于次要地位	分散面状的空间结构	农业占主导地位的面状空间，由于资源优势而形成的一些简单自然聚集节点
工业化阶段	工业化初期阶段	第一产业发展水平提高，经济作物的比重增加；第二产业中纺织业、食品加工业率先发展，其次发展粗加工度的制造业；商业逐渐活跃	分散的面状，零星的点状结构	随采掘业、纺织工业、食品加工业形成大中型集聚区。区域空间单元流动性差，城市产生极化效应，经济发展水平在地域上依托资源优势分布
	工业化中期阶段	资源型产业发展迅猛，资金和技术含量迅速增加，农业生产集约化程度高	基于原始网络的点状分布的结构	区域内节点的空间扩散效应显著，小型节点得以快速成长，大中型节点交通网络加速建设
	工业化后期阶段	精加工度制造业、新兴制造业和服务业占据主导地位。技术密集型、资金密集型产业和生产服务业构成主导产业。农业以都市型农业为主，处于依附地位	合理规律点状分布，高级的网络层次链接	在扩散与集聚作用下重组：出现巨型国际化都市，大都市之间联系紧密，形成发达网络层级体系；城市化水平提高，城乡一体化迅速推进
后工业阶段	信息技术时代	以金融、物流、信息等为主的生产性服务业	相对的集中与分散，并形成多中心网络化	产业布局的区位优势显著，易于形成产业集群区

图表来源：（1）杨贺. 中原经济区经济空间结构特征、演变及其调控研究［D］. 徐州：中国矿业大学，2012；（2）徐朋朋. 苏州城乡一体化推动经济转型升级的机理与政策研究［D］. 苏州：苏州科技大学，2012

（4）城乡空间结构的演进特征（表2-6、图2-10）

随着不同发展阶段的转变，城乡空间结构呈规律性变化。前工业社会城乡空间结构为小范围内经济活动且相对封闭独立。工业化初期城乡空间结构向中心城市的聚集为主，工业化后期阶段城乡空间结构由中心城市向周边扩散为主，后工业化阶段城乡空间结构实现均衡稳定发展。

城乡空间结构演化一览表   表2-6

发展阶段	主导产业	城乡发展特征	演进阶段	经济空间相互作用	城乡空间结构
前工业社会	农业	若干小城镇，规模小、职能单一	低水平均衡阶段	小范围内经济活动的封闭循环	
工业化初期	劳动密集型轻工业	优势区位发展呈增长极，初步形成城镇等级体系	"核心—外围"二元	以向中心城市的聚集为主	
工业化中期	劳动密集型重工业向技术密集型转型	优势区位发展增加，速度加快，经济发展与空间差距扩大	"核心—外围"二元结构	中心城市的聚集为主，功能向外围扩散	
工业化后期	以技术密集型精加工工业为主	出现城市边缘区，形成比较合理的城镇等级体系	核心—边缘区—外围三元结构	以由中心城市向周边扩散为主	
后工业化时期	以高新技术产业（微电子、新材料、遗传工程）为主	城市群和城市连绵带出现，形成完善的城市联系网络	经济空间一体化阶段	实现经济空间结构的均衡，空间相互作用持续、稳定、均衡	

图表来源：（1）孙海军. 西北典型大城市区城乡一体化的空间模式及规划方法研究—以西安为例［D］.西安：西安建筑科技大学，2014.（2）作者根据（1）绘制表中的空间结构示意图

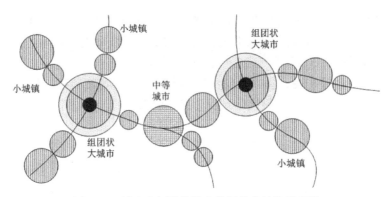

图 2-10　城乡空间结构演变终极状态结构示意图

图片来源：孟祥林. 产业结构演进与城市成长相互关系理论探讨［J］. 中国矿业大学学报，2004，（12）：61-65

在经济自组织推动下，产业结构由第一产业向二产、三产过渡，城乡空间结构展现出规律性。城市周边的中小城镇及乡村地区都被带动，大量农业人口向城市边缘区集聚，新的城市副中心形成，最终形成空间网络化结构。

（5）国外城镇化发展的经验模式

按政府与市场机制在城镇化进程中的作用及其与经济发展的关系，分为市场主导型、自由蔓延型、集中发展型、殖民经济制约型四类。

1）市场主导型——西欧

以西欧为代表的资本主义国家，市场机制主导着城市化的发展，政府通过行政管理、法律法规、经济手段，引导城镇化健康化发展[78]。城市化过程中人口、土地、资本等经济要素能够在全域范围内自由流动与配置。

① 法国

城镇化始于 19 世纪 30 年代[79]，分为三个阶段（表 2-7、表 2-8）。

1806—1911 年法国乡村人口向城市移民情况统计表（单位：人）　　表 2-7

时期	平均每年人数	时期	平均每年人数
1806 ～ 1851	90000	1886 ～ 1891	120200
1851 ～ 1872	130000	1891 ～ 1896	116100
1872 ～ 1876	90200	1896 ～ 1901	134600
1876 ～ 1881	164300	1901 ～ 1906	112500
1881 ～ 1886	103300	1906 ～ 1911	154500

图表来源：［法］瑟诺博斯著，沈炼之译.《法国史》［M］. 北京：商务印书馆，1964

1851—1931 年法国城市人口比重变化一览表　　表 2-8

年份	1851	1861	1872	1881	1891	1901	1911	1921	1931
人口比重	25.5	28.9	31.1	34.8	37.4	40.9	44.2	46.4	51.2

图表来源：李亚男. 浅谈法国城市化对中国城市化的启示［J］. 同行.2016，（8）：453-454

基本城市化阶段（19 世纪 30 年代～ 20 世纪 30 年代）

1180 ~ 1840 年农业占全国总产值的 66.5%[80]。1842 ~ 1895 年年均工业增长率有所提高，为 2.3%[81]。1913 年城市化水平超 50%，初步实现城市化，时间上比英国晚 80 年。

高度城市化阶段（"二战"后~ 20 世纪 60 年代）

"二战"后经济高速发展，基本完成乡村剩余劳动力向城市转移。随着社会结构的改变和服务业的发展，国家利用政策使巴黎成为首位度极高的世界城市。

分散型城市化阶段（20 世纪 70 年代至今）

随着工业衰退，城市内部出现大量废弃工业区，原有工业中心因产业衰败而衰落。由于中产阶级对居住环境要求增高，郊区化出现，加剧城市分散扩张。《巴黎地区战略规划》建立城市新中心，缓解现有中心区交通，解决空间拥挤、基础设施落后、郊区配套设施不足等问题[82]。

② 英国

城市化伴随着工业革命，起步早进程却缓慢。1815 年城市人口占总人口比重 45%，1901 年城市化水平到 78%[83]，通过 70 年实现初步城市化（表 2-9）。

英国城乡人口分布情况一览表（千人、%）　　　　　　　　　　表 2-9

年份	总人口	城市人口	乡村人口	城市人口比重	乡村人口比重
1750	7 665	1 303	6 662	17.0	83.0
1801	10 501	3 549	6 952	33.8	66.2
1811	11 970	4 381	7 589	36.6	63.4
1831	16 261	7 203	9 058	44.3	55.7
1851	20 817	11 241	9 567	54.0	46.0
1861	28 927	18 022	10 905	62.3	37.7
1871	26 072	16 998	9 072	65.2	34.8
1891	37 733	27 168	10 565	72.0	28.0
1901	41 459	31 923	9 536	77.0	23.0

图表来源：（1）1750 ~ 1851、1871 年数据来源：胡光明. 城市史研究（第 2 辑）[M].天津：天津教育出版社，1990；（2）1861 ~ 1931 年数据来源：统计局. 主要资本主义国家经济统计集 [M].北京：世界知识出版社；（3）1950 ~ 2005 年数据来源：United Nations，World Urbanization Prospects：The 2005 Revision.

通过工人运动，政府调整发展方向，加大对基础设施与公共服务设施的投入[84]。1843年成立皇家委员会，主要解决健康城镇化的问题。1848 年颁布《公共卫生法》、1890 年颁布《住房法》、1909 年颁布《住宅与规划法》、1946 年颁布《新城法》。除此之外，制定发展战略规划与国民经济规划，1965 年成立国家规划委员会，促使城市规划成为专职部门。

③ 德国

城乡规划体系全覆盖，包括空间规划、交通规划、土地规划及依据市场需求，每年编制一次城市空间发展报告，涉及乡村居民点规划，包括制定乡村居民点的规模及相关商业和服务设施配置内容，乡村绿色开放空间保护，乡村基础设施规划等[85]。颁布系列法律，增加规划强制性与严肃性，如《建筑法典》《土地建筑利用条例》《空间规划法》[86]；建立均衡发展机制，力求全国平衡发展与共同富裕，保障城乡建设和区域发展有序，建设平等的生活环境，减少地区差异。追求可持续发展，给后代留有生存和发展机会；开展城乡"等值化"建设，通过整理土地资源、整合村庄等手段，实现"乡村与城市生活情况不同但质量等值"的目标，促使乡村经济与城市经济保持平衡发展。1990 年起"等值化"建设成为整个欧盟关于乡村政策改革方向；城乡产业结构合理调整，注重发展工业、农业，包括农业产业体系、农业产业结构与土地利用性质。德国气候环境适宜农业发展，政府根据气候特点制定发展不同生态农业的策略，满足国内与国际农业市场的需求，迎合国际贸易中对农产品需求的品质[87]。

2）自由蔓延型（特指美国）

① 发展历程

经历五个发展阶段，历时 140 年，城镇化率由 6.1% 提升至 75%（表 2-10、表 2-11）。

美国城市化发展历程一览表　　　　　　　　　　　　　　　　　　　表 2-10

发展阶段	初始阶段	加速阶段	郊区化雏形阶段	城乡一体化阶段	城市与乡村的融合阶段
时间	1880 年前	1880～1920	1920～1950	1950～1990	1990 年至今
动力	马力、畜力、风力、海运	建立连接全国城镇的铁路网	遍布全国的高速公路	科学技术发展带来交通通信的革命	信息和知识的高速发展
产业	农业占据主导地位	工业	汽车和石油业	第三产业崛起，制造业衰落	第三产业为主导产业
发展状况	城市迅速发展	城市化发展的迅猛时期	中心城市规模扩大，城市聚集到顶点	乡村发展速度超越城市	城市网络化发展，城市化趋于平衡
城市人口占比	1800 年 6.1%，1870 年 25.7%	1920 年城市人口为 51.2%	非农劳动力占 87% 左右，城市化水平 64%	郊区人口在总人口中比例增大	1990 年超过 45% 的美国人居住在郊区

图表来源：（1）徐同文. 城乡一体化对策研究［M］.北京：人民出版社，2011;（2）虞敏.西宁市城市化与工业化耦合关系研究［D］.西宁：青海师范大学，2014

1790～1980 年美国城市化水平变动一览表　　　　　　　　　　　　表 2-11

年份	城市人口占全国人口的百分比				
	全国	东北	南部	中央北部	西部
1790	5.1	8.1	2.1	—	—
1810	7.3	10.9	4.1	0.9	—
1830	8.8	14.2	5.3	2.6	—
1850	15.3	26.5	8.3	9.2	6.4
1870	25.7	44.3	12.2	20.8	25.8
1890	35.1	59.0	16.3	33.1	37.0
1910	45.6	71.8	22.5	45.1	47.9
1930	56.1	77.6	34.1	57.9	58.4
1950	64.0	79.5	48.6	64.1	69.5
1960	69.9	80.2	58.5	68.7	77.7
1970	73.5	80.4	64.6	71.6	82.9
1980	73.7	—	—	—	—

图表来源：李其荣. 对立与统一：城市发展历史逻辑新论［M］.南京：东南大学出版社，2000

② 发展模式

美国联邦制的行政管理机制，造成中央集权度不高，地方发展受地方政府职能管辖。由于汽车普及与交通运输技术和工业技术的发展对于城镇化促进，于 20 世纪 20 年代[88]导致过度郊区化，引发多重的社会经济问题，引起社会各界的反思，但美国文化倡导生活自由、权利平等、空间开阔、绿色生态，依然促使郊区住宅成为首选[89]，以洛杉矶为代表的城市空间格局是典型郊区化结果。

③ 动力机制

户籍制度无差化，美国城乡居民不受地域与户籍限制，确保公民可自由选择居住地。公共服务设施均等化，乡村、城镇的基础设施不低于大城市的建设标准，包括供水、供电、通信、绿化、道路建设、垃圾与污水处理。中央政府负责修建基础设施，地方企业负责运转。通过不同地域政策调控，扶持偏远地区发展。商业税收差异化，纽约、洛杉矶商业税在 8% 以上，偏远乡村地区商业税不超过 3%。社会保障无差化，联邦退休金制度、私人退休金制度、养老补助制度乡村人民与城市居民享受同等保障标准。

3）集中发展型

① 日本

日本借鉴西方国家的发达经验，促使城乡空间结构发生变化[90]。由于岛国土地面积匮乏，政府主导城乡形成城大市小、一城多市、市市相连、首尾相接、街道相通的高度紧凑的空间格局[91]。以"都市型＋散落乡村"为特点，以"都市"为核心，呈同心圆式扩散，囊括国家政治、经济、文化及国际金融等城市职能[92]。东京、大阪、名古屋三大城镇群最著名。"二战"结束后至 1960 年是起步发展阶段，建立公平的自治制度，中央、都道府县、市町村三级体系。截至 1953 年三级政府与乡镇管辖内除人口数量等指标外，其他建制配备无差别[93]。制定相应的法律政策以恢复农业生产力，成立专项扶持基金，减免农业税。

1960 年至今是稳定发展阶段，实施乡村自治权运动，推广地方自治制度，提高农业活力及生产效率，消除城乡之间的差距[94]。1961 年颁布《农业基本法》，以法律形式保证农业生产效率，实现农业与其他产业的收入均衡，制定相应的政策加以保障。到 20 世纪 90 年代实现缩小城乡差距的目标。农民与都市劳动者人均收入之比已由 1965 年的 0.67 上升至 1995 年的 1.16[95]。自 20 世纪 60 年代政府制定相关法律法规，包括《新全国综合开发计划》《乡村地区引进工业促进法》《工业重新配制促进法》[96]，促使工业由大都市区向地方城市及偏远地区转移。1961 年制定《农业基本法》，扩大农业生产规模，促使地域达到相同的生活水平。1975 年制定《关于农业振兴区域条件整备问题的法律》[97]，通过政策法规对农民生活进行根本维护。1946 年颁布《生活保护法》，实行最低生活保障，保证贫困人群的收入。1959 年颁布《国民健康保险法》实现全民医疗保险。1961 年建立以医疗保险和养老保险为主的乡村社会保障体系，形成城乡一体化的公共医疗和养老保险体系。

② 韩国

从 1971 年至今，韩国在发展过程中主要引导统筹剩余劳动力，建立工业集聚区，成立劳动力密集型的企业，自 1960 年来共建立 50 个工业区。从 1970 年始开展"新村运动"解决老龄化问题，制定相应的政策推动新村运动的发展[98]。"新村运动"实现"政府＋

乡村＋企业"为核心,以"学校＋城市"为配套的新村建设活动,促进韩国城乡统筹步伐[99]。大力发展农产品加工,提升乡村产业化水平,改善乡村生活条件、居住环境及基础设施,提高农民的生活条件。实行城乡统筹的社会保障制度,实施城乡社会保障制度的一体化建设。推广乡村居民养老保障、医疗保障、社会保险保障、公共救济保障、社会福利分红保障等制度,确保城市居民与农民之间无差别[100]。经过四十年的发展,基本解决城乡失衡问题(表2-12)。

韩国城乡发展历程一览表　　　　　　　　　　　　　　　　　　　　表 2-12

阶段	基础建设阶段	扩散阶段	充实提高阶段	自发运动阶段	自我发展阶段
时间	1971～1973	1974～1976	1977～1980	1981～1988	1988 年以后
目标	改善农民居住条件	改善农民居住环境,提高生活品质	发展畜牧业、农产品加工业和特产农业、乡村保险业	改善乡村生活和文化环境,提高农民收入	社区文明建设和经济开发
措施	政府提供物资,提升农民建设新乡村的积极性	修建公共设施与住房,发展多种经营模式,推广科学技术	推动乡村文化发展,提升乡村住宅和乡村开发区建设	完善自组织体系,调整农业结构,发展多种乡村金融流通	重视道德建设与社会良性风气塑造,推广民主与法制教育,推动城乡发展
主导者	政府	政府	民间自发	国民	民间组织机构

图表来源:徐同文. 城乡一体化对策研究 [M]. 北京:人民出版社, 2011

4)殖民经济制约型

由于特殊历史原因及中央政府管控能力不足,造成工业化滞后于城镇化。农业过于落后,城市未能提供大量就业,造成大量人口涌入城市,属"过度城市化"。

①巴西——反复城镇化

1870～1890 年是移民进入巴西城市的高潮时期[101]。1930 年巴西进入主动工业化阶段,发展重工业和轻工业,城镇化率大幅提升[102]。1970 年巴西城市总人口数量第一次超过乡村,城镇化率达到 54%。到了 90 年代,巴西城市化率达到 70%。通过 20 年的发展城镇人口比重已占地区总人口 60%,但工业人口比重不超过 20%～30%。按照正常产业发展速度测算城市人口应为 1520 万,但实际已超过 3000 万[103]。由于大量人口涌入城市,城市未能提供相应就业、公共服务设施配套,逐步出现大量贫民窟。政府曾试图整治贫民窟,1992 年里约热内卢实施城市非居住区整治项目,给予贫民区居民以合法性小块土地产权[104],将此区域纳入城市规划范围之中,对贫民窟进行基础设施和居住条件的改善。1994 年实施"贫民社区改建计划",增加社会包容性。2003 年推行"零饥饿计划",使贫民区融入城市发展中。

②印度——过度城镇化

1931 年之前印度处于低城镇化阶段。在 1931 年之后政府促进制造业和服务业的发展,城镇化率迅猛上升。但工业发展并没有成为城镇化的主要动力。由于乡村极度贫困,耕作技术落后[105],造成大量农民被迫涌入城市。1970～1980 年间城镇化进程加快,造成大城市过度发展,全国 1/3 人口生活在 23 个大城市中。由于全国城镇体系发育不良,政府引导作用有限,造成城镇化过度的加剧。

2.3.2 国内先发地区经验

长三角、珠三角、京津冀三大经济区不仅是中国经济的高地，也是中国城乡发展进程最快的地区。土地占全国总面积的 3.6%，人口占全国总人口 16%，创造 GDP 占全国 GDP 总量的 40%。

（1）长三角地区

2010 年国家通过《长江三角洲地区区域规划》，确定长三角地区是我国人口最稠密、经济总量最大的地区，城市化水平从数量到质量都具有世界级城市群特征，城市化质量相对最高，自"十五"时期发展以来成为全国最大的核心区[106]。

1）发展历程

长三角地区发展经历三个阶段：20 世纪 80 年代经济发展期、90 年代全面开放期、2002 加入 WTO 后区域全面发展期[107]。规模经济增长总值从 1978 年 646 亿元，上升到 2016 年 19.96 万亿元，年均增速达 15%，远高于全国平均年增长率。发展期从 1978 ~ 1990 年期间，年均增长率为 13%。开放期从 1991 ~ 2002 年期间，经济规模扩大近 8 倍。全面发展期自 2002 年加入 WTO 年以后，到 2010 年区域生产总值达到 8.6 万亿元。

2）面临问题

面临着西部开发、中部崛起及东北老工业区振兴的竞争，产业结构转型处于结构调整期。由于现代化产业需要高素质人才，新型产业属于知识密集型产业，企业对乡村剩余劳动力的吸纳能力逐步降低；城乡消费水平差距较大，城市消费属于享受型消费，乡村处于温饱奔小康阶段，消费主要以经济型为主；城乡基础设施、公共服务设施、保障体系差距较大，虽然部分地区已经建立低保、养老等生活标准，但保障体系不健全，涉及多个行政区划很难全域覆盖。乡村劳动力转移时不具备有优势的劳动技能，造成只能向低端制造业转移。

3）城乡空间结构特征（图 2-11）

城乡发展处于工业化发展阶段，由于区域经济的发展与集聚，技术密集型、资金密集型产业成为主导，引发大城市之间产业的联动与协作关系，空间联系紧密，逐步形成中心城市与周边中等城市、小城镇网络化联系，城乡一体化全面推进。

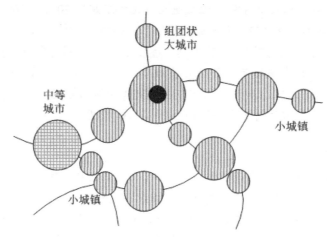

图 2-11 长三角地区城乡空间结构示意图

图片来源：作者自绘

（2）珠三角地区

由珠江的西江、北江和东江入海时冲击沉淀而成的一个三角洲，是中国的"南大门"。《珠江三角洲城镇群协调发展规划（2004～2020）》明确珠江三角洲包括广州、深圳、珠海、佛山、东莞、中山、江门、惠州市区、惠东县、肇庆市区、高要市、博罗县、四会市，总人口4230万，土地总面积4.15万平方公里，建设用地面积6640平方公里[108]。

1）发展历程

发展分为三大阶段[109]（图2-12）：1978～1992年城镇化启动阶段：自改革开放以来乡镇企业推动珠三角城镇化进程[110]。家庭联产承包责任制调动农民生产积极性，以顺德为代表的"乡镇办工业和大型骨干企业为主"型的集体经济蓬勃发展，促进城市数量增加，9个为省辖地级市（广东、珠海、深圳），建制镇的数量增加342个，城镇化水平比初期高16个百分点。1992～2000年城镇化快速发展阶段：1992年邓小平南巡讲话标志着珠三角进入快速城镇化阶段。期间珠三角地区第三产业比重从32%上升到38%。第二三产业全面发展，城镇建设用地向郊区扩展[111]。大城市数量增加至23个，建制镇增加378个，城镇连绵带出现，到2000年城镇化率达72%。2000年以来城镇化稳步发展阶段：加入WTO实施"引进来"与"走出去"政策，区域交通基础设施逐步完善，区域同城化程度较高。受政策影响部分城市合并，大城市数量减少7个，城镇化率比2000年增加16个百分点。

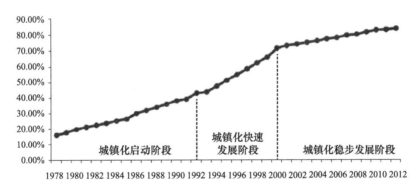

图 2-12　改革开放以来珠三角城镇化率变化情况曲线图

图片来源：（1）2000～2012年数据来源于广东省统计年鉴（2013）；（2）1982年、1990年和2000年数据根据第三次、第四次、第五次人口普查数据计算，其余年份根据相隔年份计算而得

2）面临问题

以乡镇企业发展带动的自下而上运作模式，导致建设开发随意，土地利用率不高。2006年建设用地总量比1998年相比增加0.5倍，建设用地占土地面积比例17.02%，深圳、东莞等城市建设用地密度达到40%以上[112]。生态环境破坏严重，广东省2008年第一次污染源普查，全省污染源共60万个，居全国首位。其中60%工业污染集中在珠三角的佛山、深圳、东莞、广州和中山。半城市化地区发展滞后，珠三角在城乡接合部、城郊村和城中村等地方，存在土地、户籍制度以及行政管理上的城乡二元，致使半城市化地区发展未纳入城市统一规划[113]。分配与民生服务供给失衡。2012年珠三角非户籍常住人口规模达到2585万，农民工占一半。人口二元结构直接影响群体收入差距，从2006年的1.66倍扩大至2016年的2.1倍，居住条件、子女入学、看病就医等问题难以惠及。

3）城乡空间结构特征

珠三角地区城乡空间结构演进由 1990 年广州单中心格局，逐渐演变为 2000 年的以"广深"为中心的双中心地域空间格局，到 2013 年以"广佛—深莞"为中心发展轴线，其他地级市为二级中心，县级市为三级中心结构特征[114]。逐渐由点状结构向点轴结构，趋向网络状的空间结构。

（3）京津冀地区

北京市、天津市及河北省的保定、廊坊、沧州、秦皇岛、唐山、承德、张家口、衡水、邢台、邯郸、石家庄，共涉及京津和河北省 8 个设区市的 80 多个县（市）。面积占全国国土总面积2.5%，人口约占8%，地区生产总值占11%。尽管两个超级都市在该区域内，城镇化率依旧低于东部平均水平。京津冀的城镇化水平不高，在长三角地区（65%）、珠三角地区（66%）之后。

1）发展特征

城镇化呈现出巨大差异，特大城市北京和天津城镇化水平分别高达 86% 和 83%，河北省城镇化水平 53%。意味着北京和天津城镇化进程基本完成；京津冀城镇人口分布特点呈现城镇人口集中在北京、天津市两大都市及石家庄市，人口之和占京津冀总人口的66%。其他城市人口分布情况类似于西部地区小城镇人口分布特点；城镇体系结构中共有 2 个直辖市、1 个省会城市、10 个地级市和 22 个县级市。京津冀地区 50 万人以下的中小城市占 63%，高于长三角地区的 39% 和珠三角地区的 46.51%。"双核"两城市首位度达1.64，但缺乏 50 万～ 100 万人口规模的城市。

2）面临问题

京津冀地区的经济发展水平不高。城镇化发展核心动力是政策引导而非市场推进，造成北京与天津的政策严重倾斜与内部结构失衡。双核极差效应过大，对资源吸纳效应远大于辐射带动效应，未发挥增长极的作用[115]，造成"双核极化"状态的加剧。京津冀区域内行政区机制和地方保护主义使得"蒂伯特选择"作用无法发挥[116]。

3）城乡空间结构特征

京津冀地区空间结构受到北京、天津两个特大城市"双核"作用的影响，整体空间结构接近中心地结构。但核心城市未起到拉动区域整体发展的作用，反而剥夺周边城市发展机会与资源，核心城市与周边小城市严重割裂，地区发展差异化严重。

2.3.3　经验借鉴启示

（1）国内先发地区与关中县域城镇发展类比

关中县域地区从政府职能、城乡发展动力机制、政府保障机制、社会保障机制、公共设施配置、城乡发展关系、资源环境保护与人口规模等方面，与国内先发地区有着较大差距（表 2-13）。

（2）经验借鉴启示

通过对国内先发地区城镇化实践经验研究，发现京津冀、长三角、珠三角地区城镇体系较为完善，均是基于经济、社会、环境等多种要素综合作用的结果。宏观政策起到重要作用，如撤市设区、市县合并、跨区域交通网络建设，随之带动区域内交通网络节点城市、城市化地区、小城镇的发展。城乡融合程度高，区域内至少有两个及以上特大城市作为城镇群中心城市拉动区域发展。城乡发展动力因素多元化，尤其是投资体制是城镇经济加快的重要发展动力。公共服务设施配套基本实现均等化，具备相对完善的社会保障机制，城乡空间形态已经呈现出网络化格局或者正在向网络化格局发展。

国内先发地区与关中县域地区城镇化发展类比一览表　　　　　　　　　表 2-13

地区	京津冀	长三角	珠三角	关中地区
政府职能与作用	市场与政府共同作用	市场主导，政府协调	市场主导，政府协调	政府主导，协同市场
动力机制	服务业、新兴产业、信息化，但同时存在工业化发展（河北省）	服务业、新兴产业、信息化	服务业、新兴产业、信息化	工业化
政策保障	规划、法律、法规、规范	规划、法律、法规、条文规范	规划、法律、法规、条文规范	规划、法律、法规、条文缺失
设施配备	处于中间阶段	公共服务向均等化迈进	公共服务向均等化迈进	低成本公共服务
社会保障	缺乏完善保障制度	缺乏完善保障制度	缺乏完善保障制度	缺乏完善保障制度
城乡关系	城乡融合、城乡对立同时存在	城乡融合	城乡融合	城乡对立
资源环境	不可持续，已经破坏	不可持续，已经破坏	不可持续，已经破坏	不可持续，正在破坏
空间形态	双核结构	网络化格局	网络式格局	点轴式格局
人口增长	机械增长速度较快	机械增长速度较快	机械增长速度较快	机械增长速度较快

图表来源：根据相关资料绘制

第3章　新型城镇化背景下县域城乡空间结构转型的理论模式

3.1　城乡发展历程与问题剖析

3.1.1　发展历程

城镇化进程历经四个阶段（表3-1）。

中国城镇化进程阶段一览表　　　　　　　　　　　　　　　表3-1

阶段	特征	成就	驱动因子	弊端
起伏期	城镇化速率大起大落，城镇化进程缓慢	城镇化率由10.64%至17.55%，城镇人口由5765万增加到16669万	·城镇化发展过于急于求成，大跃进式发展 ·照搬苏联模式 ·文化大革命，上山下乡 ·发生三年自然灾害 ·中苏关系恶化 ·重点发展三线建设，控制大城市发展规模	·经济结构严重失衡 ·工厂进山，经济效率低 ·大城市发展受阻 ·户籍管理，为城乡二元结构埋下祸根 ·取消城市规划等措施
稳定期	城镇化稳步推进，逐步步入正轨	城镇化水平由17.55%到29.04%，城镇人口由16669万增加至35174万	·重点是现代化建设 ·消费轻工业为重点，城镇就业吸纳能力显著 ·制定"控大促小"战略 ·"离土不离乡""进厂不进城"是工业化主要模式	·经济建设逐步上升，导致经济发展过热 ·小城镇遍地开花，导致资源浪费，生态环境破坏 ·大中城市的规模效应、聚集效应未能充分发挥，城镇人口吸纳能力有限
加速期	城镇化加速推进	城镇化水平由29.04%提高至52.57%，城镇人口由35174万增加至71182万	·经济快速增长，步入工业化和城镇化加速阶段 ·产业结构升级，城镇就业吸纳能力增强 ·城镇化战略的主旋律是鼓励大城市发展	·城市经济高速增长，资源、环境破坏严重 ·城镇空间无序扩张 ·城镇化的衍生问题突出 ·城市建设缺乏特色，重建设轻管理
稳定期	城镇化发展放缓	·城镇化率超过50%	·乡村发展开始受重视 ·城市发展注重城镇群、城镇带的发展	—

图表来源：（1）魏后凯.走中国特色的新型城镇化道路［M］.北京：社会科学文献出版社，2014；（2）根据《中国统计年鉴（2016）》绘制

（1）起伏期（1949～1977 年）

新中国成立之初，城镇化率约为 10.6%。政策摇摆导致城镇化进程出现曲折，城镇化增长速率大起大落，城镇化率由 10.64% 至 17.55%，城镇人口由 5765 万增加到 16669 万人。发展动力包括政策引导（"文化大革命"、"知识青年上山下乡"）、经济发展推动（"重点发展三线建设"、"控制大城市发展规模"）。由于大城市发展受阻，工厂进山，造成经济结构严重失衡，经济效率低，为城乡二元结构埋下隐患。

（2）稳定期（1978～1995 年）

改革开放标志着城镇发展步入正轨，城镇化率由 1978 年 18% 提高到 1995 年 29%，城镇人口由 16669 万增加至 35174 万人。家庭联产承包制调动农业生产积极性，带动城市相继发展。农产品与工业产品出现剪刀差，城镇化水平稳步提高。城镇就业吸纳能力显著，实施"控大促小"、"离土不离乡"、"进厂不进城"等措施促进工业化发展。但导致经济发展过热，小城镇遍地开花，资源严重浪费，生态环境遭到破坏。大中城市规模效应未充分发挥，造成对人口吸纳能力有限。

（3）加速期（1996～2011 年）

1996 年全国城镇化率超过 29%，2001 年人均 GDP 超过 1000 美元，标志着中国进入工业化和城镇化双加速时期。城镇化水平从 29.04% 提高至 52.57%，城镇人口由 35174 万增加至 71182 万人。

1998 年国务院发布《关于进一步深化城镇住房制度改革加快住房建设的通知》[117]促进城市地区住房分配货币化。2000 年国务院颁布《关于促进小城镇健康发展的若干意见》标志着加快城镇化进程的时机已经成熟[118]。"十五"时期发展将城镇化提升至国家战略高度，选择走符合中国特色的城镇化道路，"注重发展大城市，协调中小城市与小城镇，把城市群作为推进城镇化的重点"[119]。"十一五"时期全国城镇人口增加 2.32 亿，城镇化率由 43% 提高至 50%。城市数量增长，地级市增加 25 个，县级城镇增加 799 个，市辖区增加 70 个[120]。

此阶段步入工业化和城镇化加速阶段，产业结构逐步升级，城镇就业吸纳能力增强，发展重点是培育大城市，但造成城镇空间无序扩张及衍生问题突出，城市建设缺乏特色。

（4）转型期（2012 年至今）

"十二五"期间城镇化增长速度减缓，进入速度与质量并重的转型时期。由高速推进向低速推进、由速度型向质量型转变，实现更高质量健康城镇化目标，要确保农业转移人口向市民化进程稳健和可持续，突破"胡焕庸线"的限制。重视乡村发展，注重培育城镇群、城镇带的发展。

3.1.2　主要成就

（1）城镇人口迅速扩大，城镇化水平显著提高，带动作用日益增强。

全国城镇人口由 1978 年 17245 万增加到 2017 年的 81347 万人，乡村常住人口 57661 万人。2011 年中国城镇化率首次突破 50%，城镇常住人口超过乡村，标志着城市时代的开始[121]。2013 年全国城镇化率高于世界同期平均水平。1980 年到 2017 年城镇化率从 20% 提高至 58%。与世界同期相比，城镇化率由 20% 提高到 60%，英国花 50 年时间，美国花近 40 年，日本花 20 年，中国仅用 15 年。珠三角、长三角、京津冀地区城镇化率超全国平均水平,特大城市群迅速崛起。

根据《中国城市建设统计年鉴2017》数据统计人口在100万以上城市已经达到102个。城镇化带动投资、供给、需求、产业结构升级等方面发展。从投资看,每增加1个城镇人口,需约10万元投资。依据"十一五"时期的城镇化速度,城镇化水平每年提高1.39个百分点,吸纳2153万农民进城,带来投资规模超过2.1万亿[122]。从供给看城镇化创造大量就业机会[123],缓解就业压力,维系社会稳定。城镇化水平提高1个百分点,将带动就业率提高约0.35个百分点。从消费看城镇化可扩大内需,尤其是扩大乡村市场。城镇化每提高1个百分点,将有1000万农民进入城市,城市消费是乡村的2.7倍,将拉动消费增长1.8个百分点。

(2)城镇体系不断完善,中心城市地位显著。

逐步形成4个全球城市(北京、广州、上海、深圳)[124]、11个国家中心城市(天津、重庆、沈阳、南京、武汉、成都、西安、杭州、青岛、郑州、厦门)、100个国家特色城市、11个国家级城镇群(长江中游城市群、哈长城市群、成渝城市群、长江三角洲城市群、中原城市群、北部湾城市群、关中城镇群),城镇体系格局不断完善,城镇等级结构趋于健康合理化。

随着人口和产业向大城市集聚,城市规模扩大与经济实力增强。2017年全国共有275个地级市,实现地区生产总值295978亿,占全国的68%。中心城市地位增高,集中在空间、人口、资源和政策上的主要优势,具备综合服务功能、产业集群功能、物流枢纽功能、开放高地功能和人文凝聚功能,促进区域经济社会发展,缩小地区间发展差距(表3-2)。

2000～2010年地级以上城市建成区规模变化一览表				表 3-2
年份	2000年	2005年	2008年	2010年	2010年比2000年增加(%)
土地面积(km²)	1684	2000	2167	2192	30.2
年末总人口(万人)	109.1	126.4	131.1	135.4	24.1

图表来源:魏后凯.走中国特色的新型城镇化道路[M].北京:社会科学文献出版社,2014

(3)城镇群发展体系逐步完善,城镇紧密度逐步加强。

"十五"时期国家提出"要不失时机地实施城镇化战略","十一五"时期国家提出"要把城市群作为推进城镇化的主体形态"等政策,全国范围内相继出现多个城镇群,如京津冀城镇群、长三角城镇群、珠三角城镇群,以及辽中南城镇群、中原城镇群、武汉城镇群、成渝城镇群、关中城镇群等。城镇群已成为我国参与全球竞争与国际分工的地域基本单元[125],可在更大范围内实现资源优化配置,增强辐射带动作用,促进城市群内部各城市自身的发展[126]。由于城镇群体系完善,促进城镇群内部城镇紧密度增加,包括城镇密度加强,城镇数量增加,城镇交通网络构建促进相互连接便捷,城镇间经济流、信息流的互通,促使不同数量、规模的城市(县)成为整体。

(4)城市公共服务设施及基础设施配置率增高,城乡建设内涵提升。

城镇化进程推动城市建设标准提高,公共服务设施与基础设施逐步完善。2015年全国轨道交通新增运营里程1000km。全国高速公路里程已达13.1万km。城市用水普及率由1981年54%提高至2015年99.0%。燃气普及率由12%提高至95%,完成全国城镇燃气 8 万 km、北方采暖地区城镇集中供热 9.28 万 km 老旧管网改造任务[127]。城市污水处理率由 1991 年的 15% 提高到 2017 年 95%；全国中心城市基本形成 500（或 330）千伏环网网架[128]，大部分城市建成 220（或 110）千伏环网网架。城市建成区绿地率由 1996 年的 19% 提高到 2015 年 39%；每万人拥有公共厕所维持在 3 座。城市公共教育、公共文化、公共体育、医疗卫生、社会福利以及社区服务等六大类公共服务设施配置提升，加强城市综合承载能力。同时乡村卫生院、幼儿园、小学等设施逐步全覆盖，公共文化设施逐步进入乡村社区，包括基础文化站、图书馆分馆等，城乡建设内涵逐步提升。

3.1.3　现实问题

（1）城镇建成区面积过大，建设用地盲目蔓延，城市边界屡被突破。

2001 ～ 2010 年全国城市建成区面积和建设用地面积分别年均增长 5.97% 和 6.04%，城镇人口年均增长仅 3.78%[129]。城镇建成区的面积不断扩大，刚性边界不断被突破。1981 ～ 1990 年、1991 ～ 2000 年、2001 ～ 2010 年三个阶段城市建成区面积分别增加 5418km²、9584km²、17619km²。从 1996 年到 2010 年平均每个城市建成区面积由 30km² 扩大到 61km²，平均每个城市建设用地面积由 29km² 扩大到 61km²[130]。从表 3-3 看出土地扩张与城市建成区拓展的速度快于人口转化速度。

城镇建成区面积过大，造成城乡空间格局中，大城市空间过大，乡村与小城镇空间过小。城乡发展建设总量为定量的前提下，大城市占据过多的土地指标，剥夺小城市、城镇与乡村的发展。城镇无序蔓延，造成基本农田被侵蚀。截至 2010 年全国因建设用地扩张而导致耕地被侵占达到 316 万亩。

中国城镇人口与城镇建设用地年均增长率比较一览表　　　　　　　表 3-3

年份	城镇人口	城市建成区面积	城市建设用地面积
2001 ～ 2005	4.13%	7.70%	7.50%
2006 ～ 2010	3.44%	4.26%	4.60%
2001 ～ 2010	3.78%	5.97%	6.04%

注：2005 年城市建设用地面积缺上海数据，系采用 2004 年和 2006 年数据的平均值代替。

图表来源：（1）中国城乡建设统计年鉴（2011）；（2）魏后凯. 走中国特色的新型城镇化道路［M］. 北京：社会科学文献出版社，2014

（2）乡村空心化严重，衍生出留守儿童、孤寡老人等社会问题。

中国城市化水平每提高 1 个百分点，1000 万以上的乡村剩余劳动力向城市转移[131]。由于传统农业造成对人与地的吸引力不足，人口逐步外流造成空置宅院的现象普及，更为严重的是空心村或整村闲置，产生大规模的"空心化"景观，由人口空心化逐渐转变为乡村人口、土地、产业和基础设施空心化[132]。同时"一户多宅"的普遍问题，导致新建住宅选择在村庄外围或交通线沿线建设，造成乡村聚落外围建筑质量较好、建设年限较新，加剧乡村的空心化趋势。而聚落中心多为质量较差、长期无人居住的建筑，乡村建设用地闲散与浪费。最终导致乡村外延的异常膨胀和内部的急剧荒芜，形成乡村空间形态上空心分布状况。2016 年第三次全国农业普查时，我国农业劳动力中 50 岁以上所占比重超过 50%[133]，农业种植人数减少。同时由于年轻劳动力外流，造成乡村留守儿童与孤寡老人等群体，从而衍生出更多的社会问题。

（3）地区发展差距大，城乡发展不均衡（表3-4）。

城镇化水平存在地区差异，城镇化水平自东向西总体上呈阶梯式下降。2015年东部地区城镇化率为79%，东北地区为65%，西部地区57%。从城市数量看大多数城市分布在沿漠河—腾冲线的东南部地区。西部地区72%国土面积分布165座城市，城市数占全国的25.2%，城市人口仅占全国的18.6%。东部地区10%的国土面积坐拥233座城市，城市数占35.66%，城市人口占48.8%[134]，城市空间分布不均衡。2015年西部城市人均固定资产投资、人均城乡居民储蓄年末余额、人均地方财政一般预算内收入和支出、人均社会消费品零售总额，相当于东部城市的65%、40%、26%、40%和42%，地区间城镇发展水平差距较大。

2010年中国四大区域城市数量与规模比较一览表 表3-4

地区	项目	合计	＞200	100～200	50～100	20～50	＜20
全国	城市个数	655	24	38	95	240	258
	人口比重（%）	100.0	31.8	16.0	19.0	22.9	10.3
东部地区	城市个数	233	14	20	39	101	59
	人口比重（%）	48.8	20.2	8.2	7.9	10.0	2.4
东北地区	城市个数	89	4	5	14	26	40
	人口比重（%）	12.7	3.9	1.8	2.8	2.4	1.8
中部地区	城市个数	168	3	7	25	61	72
	人口比重（%）	20.0	3.2	3.1	4.9	5.8	2.9
西部地区	城市个数	165	3	6	17	52	87
	人口比重（%）	18.6	4.5	2.9	3.4	4.6	3.2

图表来源：魏后凯. 走中国特色的新型城镇化道路［M］.北京：社会科学文献出版社，2014

（4）农民市民化程度偏低

国家统计局统计截至2016年全国城镇化率为57%，但户籍城镇化率仅为41%。2亿农民工集聚在全国各大城市的郊区地带，不直接参与城市的生活与信息交流，消费方式仍保持农民的习惯，造成城市中的"新二元"结构，造成农业转移人口与城镇原住居民之间权益差距。他们由于自身综合能力欠缺，往往只能寻找城市中的剩余工作，得到的报酬相对较低。长期在城镇工作生活，不能享有同等的公共医疗服务、社会保障、子女教育等基本公共服务，造成城市新的社会问题。

（5）资源消耗急剧增长，生态环境急剧恶化

1）能源消耗急剧增长

2001～2015年中国城镇人口年均增长3.2%，但全国煤炭、石油、天然气消耗量分别年均增长9%、7%、18%。城镇化水平每提高1个百分点，消耗煤炭87.58万吨标准煤、石油21.44万吨标准煤、天然气8.08万吨标准煤[135]。

2）水资源严重不足

全国城市地区消耗水资源由1978年的78.7亿立方米增长至2010年的507.9亿立方米，

年均耗水量增加了 13.4 亿立方米 [136]。全国 400 多个城市严重缺水，其中 100 多个属于水质型缺水。

3）资源利用效率低下

中国万元 GDP 能耗由 1978 年的 15.68 吨标准煤减少到 2015 年的 0.66 吨标准煤，总量 43 亿吨标煤。与发达国家比较是世界平均水平的 2.3 倍、欧盟的 4.1 倍、美国的 3.8 倍、日本的 7.6 倍。

4）污染物排放迅速增长，生态环境急剧恶化。

在 2001～2015 年，全国工业固体废弃物生产量、工业废气排放总量、废水排放总量每年以 11%、14%、4% 的速度增长。未来主要污染物排放总量仍然处于较高水平，全国大范围雾霾现象严重，预示着已接近中国生态环境的最大容量。

3.2　新型城镇化的内涵解析

3.2.1　内涵特征

城镇化是人口不断向城镇集聚、城镇空间不断扩大，功能不断优化的过程。从经济结构变迁看，城镇化是农业活动向非农活动转化和产业结构不断升级的过程；从空间结构演化看，城镇化是各种生产要素向城镇集聚，聚集到一定程度后再逐步分散到乡村的过程 [137]。从社会结构变迁看，城镇化是乡村人口逐步转为城镇人口，城市文明、生活方式和价值观念向乡村扩散的过程。

（1）发展模式多元

2016 年中国平均城镇化率 57%。京津沪的城镇化水平超 85%，广东、辽宁、浙江、江苏四省城镇化水平超 70%，处于城镇化发展后期阶段；云南、甘肃、贵州不到 40%，处于城镇化发展中期阶段；西藏城镇化率不足 30%，处于城镇化发展初期阶段 [138]。针对不同地区城镇化进程差异，新型城镇化提出适宜不同阶段的城镇化发展模式。

东部地区加快京津冀、长三角、珠三角城镇群的发展，提高参与国际竞争的能力，尤其是提升长三角国际经济影响力。引导人口产业向大城市周边的中小城市、小城镇转移和适度集聚，与中心城市形成网络状的城镇空间体系，防止中心城市人口和功能的过度集聚 [139]。

东北地区提升城市的综合服务功能，加快棚户区改造，建立资源枯竭型城市接续产业援助机制，增强城市吸纳就业的能力，促进老工业基地和资源型城市的经济转型和产业振兴。

中部地区加快城镇发展，吸引农村富余劳动力就地转移。大力培育城镇群和区域中心城市，提高中原城镇群对人口吸纳能力。加强以省会为主体的中心城市建设，完善城市功能 [140]，重点培养多级增长极，提高极核城市的带动作用。

西部地区完善区域和省域中心城市的综合功能，带动区域经济发展 [141]。重点培育地域中心城市、小城镇，推进特色小镇与美丽乡村建设。促进小城镇支农产业发展，推动农业产业化进程。重点加强基础设施全覆盖建设，实现基本社会服务设施均等化建设，促进地方特色经济发展。

（2）扩张方式集约

新型城镇化要求以更加可持续的发展模式达到发展目标。但中国人口众多，土地资源（尤其是耕地资源）有限。地方政府过度依赖土地财政，出现盲目圈地的现象，造成土地城镇化快于人口城镇化。为确保18亿亩耕地红线和国家粮食安全，扭转城镇化过程中土地资源浪费现象[142]，合理确定城镇建设密度与发展规模，优化城镇空间布局，明确城镇职能与分工，制定各项集约指标和建设标准。促进人口与产业布局相协调，产业发展与资源与环境承载相适应。保护社会和文化的多样性，推动形成紧凑、高效的城镇用地格局。

控制城乡发展总体用地指标，提高建设用地使用效率，确定闲置土地、空闲土地、批而未利用的土地，对存量空间资源进行优化配置和空间结构的重构。控制城镇建设边界，限制城市无序蔓延和低效扩张，推动城市发展向内涵、质量式转变，实现城乡整体效率最高。

（3）社会发展和谐

国家发展出现的阶梯式差异，造成城镇化进程中非包容性突出，容易诱发多种社会问题[143]，针对不同地区指定相应的城镇化发展方向。城乡居民收入和公共服务差距大，社会阶层分异加剧。大量农民工聚集在城市，造成城市中新二元结构[144]。新型城镇化发展模式加快户籍制度改革，2016年国务院办公厅关于印发推动1亿非户籍人口在城市落户方案的通知，取消按照户口设置的差别化标准，实现公民身份权利的平等，为农民进城创造机会，促进全民共享改革开放成果，建构统一的城乡发展制度，包括社会保障制度与公共服务制度，实现城镇基本公共服务常住人口全覆盖，推动基本公共服务均等化[145]。建立进城落户农民土地承包权、宅基地使用权和集体收益分配权的维护和自愿有偿退出机制[146]，确保落户后在住房保障、基本医疗保险、养老保险、义务教育方面等同待遇。

3.2.2 目标体系

新型城镇化涉及城乡发展各个方面，核心在产业、社会、生态、空间四个方面，最终实现"城乡融合、产城融合、社会融合、生态融合"的发展目标。

（1）经济——高效城镇化

顺应经济产业转型的大趋势，寻找适合县域经济发展的产业体系，达到城乡结合自身发展优势，经济产业和谐繁荣。通过主导产业优势与县域中心城市的极核带动，整合城乡地域内生产要素，加强城乡之间关联度，促进县域整体发展。乡村地区接受城镇的辐射，借助自身优势资源与特色环境，推进农业现代化发展，加快机械化、自动化进程，努力实现产业特色化[147]。

经济发展的关键在于产业结构优化与技术升级，由低端劳动密集型产业、高消耗型的能源化工产业转向科技研发、技术密集、绿色创新型等产业与现代服务业。以市场导向原则，根据市场需求进行三次产业的比重调整，引导产业集聚发展，发挥失常机制在资源配置中的重要影响作用。扩大对内对外开放度，鼓励农民进城，聚集到小城镇，进行劳务输出，带动本地经济发展。

（2）社会——平等城镇化

平等城镇化的目标关键在于统筹城乡[148]。平权发展乡村与城市，让农民共享市场经济与改革开放的成果。主要表现为在政策上免除农业税、完善农村养老与医疗保险保障，促进农民工市民化。规范推进城乡建设用地增减挂钩，建立城镇低效用地再开发激励机制，加快撤乡并镇、迁村并点进程。在空间上建设新型农村社区与美丽乡村，完善教育养老设施、商业服务设施、文化设施均等化。促进收入分配制度的创新与土地使用制度的创新，为农民工享有平等的就业机会创造条件。实现城乡之间和谐平等发展，促进城市与乡村成为连续的整体，避免城市和乡村独立发展而影响区域整体利益[149]。平等发展更加增加社会包容度的提升，满足不同阶层不同群体的需求，鼓励农民进城并聚集到小城镇，进行劳务输出，带动本地经济发展。

（3）生态——绿色城镇化

绿色城镇化目标的关键在于环保与低碳。强调经济、人口与生态环境之间协调发展，保持区域经济和社会发展，促进城镇区域与生态系统的良性循环，保持人与自然的和谐共生[150]。优化产业结构，建立绿色环保低消耗可循环的产业体系。把资源消耗、环境损害、生态效益纳入城镇化发展评价体系，建立绿色城镇化根本性机制保障。如何高效、稳定且可持续的发展成为关键，将区域按照不同生态保护等级进行划分，根据等级进行开发建设、管控与生态保护，实现城乡经济发展与生态保护的平衡。

让城市扩大容量提升质量，人口规模增长与生态环境成正比，是城市发展的关键。推进绿色建筑和公共交通的发展，"十三五"规划要求到 2020 年 80% 以上城镇新建建筑要达到绿色建筑标准要求[151]，推进可再生能源建筑规模化应用。加大垃圾处理设施建设的投入力度，县域中心城市的无害化处理率应达到 85% 以上。重视城市绿色走廊建设，加大对绿色防护带、城市湿地植被、城市土地硬化与沙化综合治理和保护工作力度，扩大城市绿地、河湖湿地面积，拓展城市绿色空间[152]。

（4）空间——集约城镇化

集约城镇化目标在于"集约与高效"，城镇体系紧凑并联系紧密，城镇等级规模健康有序。城镇建设用地演变需保证土地充分利用与耕地不再浪费，科学预测城市发展规模，明确城市开发边界，抑制城市的无序蔓延。将新增建设用地指标与消化盘活存量土地相挂钩，加大存量土地盘活力度，提高建设用地利用率。针对乡村地区加快宅基地确权普及，推进城镇低效用地再开发激励机制，有效引导设施利用。图 3-1 是广州和首尔人口密度比较，灰色区域代表广州人口密度最大的 600km² 土地可容纳人数的潜力。如果达到首尔的人口密度，广州可再容纳 420 万人。

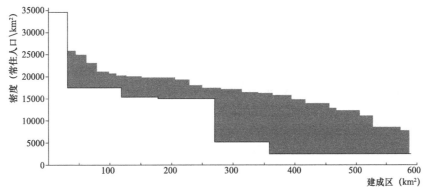

图 3-1　广州和首尔人口密度比较折线示意图

图片来源：萨拉特，2013

3.2.3 价值导向

传统城镇化是相对于新型城镇化来说，政府主导的经济发展模式，过于注重发展速度与效益，造成城乡分割严重、乡村萧条与大城市病并存，导致资源过度消耗和环境破坏，城市产业发展缺乏可持续性理论指导，城市品牌效应不足。新型城镇化核心在于不牺牲农业和粮食、生态和环境，以实现城乡基础设施一体化和公共服务均等化为目的[153]，追求人口、经济、社会、资源、环境协调发展和高效发展的演进[154]（图3-2）。通过对传统城镇化特征与问题梳理，探讨传统城镇化与新型城镇化之间价值的区别。

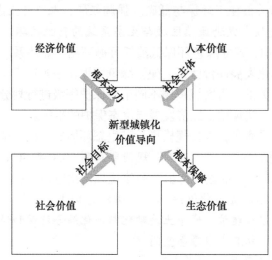

图 3-2　新型城镇化价值导向关系示意图

图片来源：作者自绘

（1）经济价值

城镇化和工业化是现代化发展的两个车轮，新型城镇化以高技术、低耗能的产业予以支撑[155]。新型工业化是新型城镇化、农业现代化的发展动力，农业现代化是新型工业化发展的结果[156]。通过新型城镇化、新型工业化、农业现代化的三者融合，促进城市集群化、功能复合化、农村社区化，提升城镇化质量。把产业结构调整、产业体系转型、产业空间布局优化及综合服务功能配套结合起来，使产业发展、城镇开发、综合服务配套相互协调。传统意义上的经济价值是经济行为从产品和服务中获得利益的衡量。优化经济社会结构，提高资源配置效率，进一步提升城乡综合实力。新型城镇化背景下将经济价值进行综合考量，保证经济发展保持一定速度的情况下，注重经济发展质量与效率。降低"三高"工业的比例及降低调整产业结构，发展新型技术研发型产业。

（2）社会价值

长久以来城镇化过于重视发展速度，忽略乡村及乡村经济发展，产生严重的社会问题。新型城镇化发展将乡村与城市发展提升到同等位置，注重乡村建筑风貌与空间整洁，注重发展农业现代产业，提高农业种植规模与效率，给予乡村具有"造血"功能的产业支撑。塑造乡村活力与营造乡村文化，留住一部分乡村青壮年劳动力。落实"以人为核心的城镇化"，有序推进农业人口向市民转化，稳步推进城镇基本公共服务常住人口全覆盖[157]。传统城镇化推动大量人口进城，但人口城镇化与土地城镇化未同等扩张[158]，城市内部出现新二元结构。注重民生保障、宜居宜业，倡导农民工享有合理合法权益，实现基本服务设施均等化。着力推进"农业产业化、乡村工业化、乡村城镇化、乡村环境生态化和农民知识化"，加快区域内农业、乡村现代化建设，实现城乡之间的双向融合发展。

（3）生态价值

中国经济发展处于城镇化发展速度减缓的工业化后期阶段。以往快速粗放发展为代价的生态、资源、环境问题逐步暴露，阻碍现阶段的发展。因此新型城镇化强调以生态价值导向，按照城乡发展要求，以城镇总体生态环境、产业结构、社区建设、消费方式的优化转型为出发点和归宿，全面建设绿色环境、绿色经济、绿色社会、绿色人文、绿色消费的生态城镇[159]，在区域发展中注重生态环境保护，县域内注重土地集约使用和耕地占补平衡，谋求新型城镇经济社会的健康可持续发展道路。

（4）人本价值

"人本"即人本主义，关注人的切身感知与基本权利，对人进行不同程度、层次的关怀。新型城镇化强调人本价值，对城镇中居民不仅关注其生活条件、权力与服务，注重幸福感与梦想的追求。对农民不仅关注共同享有公共服务设施、基础设施，还关注是否能真正融入城市生活，使其成为真正的"人的城镇化"，不再以牺牲农民利益作为发展城市的根本目标，强化乡村同权发展。城乡融合是城乡实现有机结合与发展的高级阶段，是一种高级的经济社会结构形态。以城带乡、以乡促城，互为资源、互为市场、互为服务，达到城乡之间经济、社会、文化、生态协调发展[160]。引入行政手段，推动城镇化的健康发展[161]。以城乡统筹为核心，完成由城乡分割向城乡一体的发展转变[162]。探讨乡村营造的社会生活新形态[163]，成为现代与传统高度融合的新型发展方式（表3-5）。

传统城镇化与新型城镇化对比一览表　　　　表3-5

分项对比	传统城镇化	新型城镇化
发展模式	速度型	质量型
动力机制	工业化	服务业、新兴产业、信息化
主导力量	政府主导	市场主导
参与主体	各级政府	政府、企业、居民
推进方式	自上而下为主	自下而上为主
资源环境	不可持续	可持续
公共服务	低成本公共服务	公共服务均等化
城乡关系	二元分治	一体化发展

图表来源：向建，吴江. 城乡统筹视阈下重庆新型城镇化的路径选择 [J]. 现代城市研究. 2013，（07）：82-87

3.2.4　发展动力

城镇化发展动力源于乡村经济向城市经济转移，劳动力从乡村活动向城镇活动再配置[164]。把握资源要素与人口流动带来的动力，通过要素优化集聚，促进产业升级与经济规模扩大。

（1）经济集聚

经济集聚可促进资源与要素有效配置，促进产业向园区集聚，现代服务业向城市、小城市集聚。2015年中国GDP前十大城市贡献了1/4，集聚产生规模经济，规模效应推动二、三产业发展。2015年大城市服务业占GDP的比重69%，小城市服务业占GDP的比重35%。制造业从大城市转移至地级市、县级市，在2000～2010年，县级行政区划的制造业就业人数占全国比例由41%上升至50%[165]。集聚促进专业化发展及产业细分与技术提升，促进城镇化转型与县域城乡空间结构的优化。

（2）人口流动

2000～2010年有1.2亿乡村人口迁移到城镇，劳动力迁移对GDP的贡献率达20%，但城镇人口增长速度仍然较低，主要原因是户籍制度的制约。2009年中国剩余劳动力约为8500万至1.15亿，占乡村就业人口总数的19%，意味着乡村剩余劳动力转移出来后的安顿与稳定成为稳定社会的重点。以2016年为例根据百度地图发布的《中国故乡大数据分析报告》，2016年人口流入最多的五个省份（或直辖市）为广东、浙江、江苏、北京和上海。人口整体流动趋势主要是从中西部向东部和东南沿海，人口流入地区则相对集中在南部、东部主要经济中心省份，人口流出地区主要是内地中西部户籍人口较多。人口流动为乡村人口提高收入，为城市经济发展提供促进与劳动力。过去30年经济发展中人口流动的贡献率占四分之一。基础设施的完善包括高速、高铁的修建，促进劳动力的加速移动。教育水平的提高，减少劳动力流动的社会障碍[166]。

（3）扩大内需

扩大内需即扩大某经济体内部的需求。目前我国中等收入人群的规模居世界第二，仅次于美国。但制造业仍处在国际产业链的低端，服务业增加值占GDP比重仍低于世界平均水平，单位GDP能耗居高不下[167]。因此扩大内需是我国城乡发展的重要动力。我国中等收入人群主要由2.4亿农民工构成，其拥有稳定的工作，良好的教育水平，有助于物质与人力资本实现快速积累。具有一定数量可支配收入，可用于消费娱乐休闲。乡村的非农人口是城市产业升级的主要人群。推进农民市民化，消除城市"新二元结构"，是促进扩大内需的必要手段。

3.3 新型城镇化背景下县域城乡空间结构的转型模式与路径选择

3.3.1 新型城镇化背景下县域城乡空间结构的转型模式

（1）县域城乡空间结构转型的构成要素（图3-3）

探讨县域城乡空间结构的构成要素，将城乡空间结构进行分要素梳理，便于与新型城镇化发展背景下的空间转型模式相连接。县域城乡空间结构由城乡县域尺度下"点—线—面"要素的空间结构组成。

1）"点"要素

① 县域节点城镇

包括县域中心城市、县域副中心城市、一般建制镇。县域中心城市是县域政治、经济、文化中心，承载县域经济发展、带动与综合服务功能的极核。县域副中心城市是县域发展条件次于县域中心城市，人口规模在 5 万人以上，发展基础优于其他建制镇，镇区功能相对完善，具备带动区域发展的城镇。一般建制镇是人口规模在 2 万人以上，具备带动周边乡村地区发展，具有一定综合服务功能的城镇。

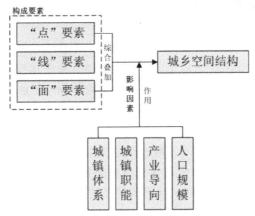

图 3-3　城乡空间结构的构成要素框架图

图片来源：作者自绘

② 乡村居民点

中心社区是乡村地区人口规模较大、功能相对较多、具备带动周边相同共同发展的乡村。中心村是人口规模相对较大，发展基础相对较好的乡村。一般村是依据《村民委员会组织法》设立的乡村居住聚落。

③ 产业聚集点

包括农业产业园、工业园区、文化旅游园区等，在县域内具有一定经济发展规模，具备区域经济发展、产业调整升级的重要聚集空间。不同产业主导下的县域生产空间区别在于"点"的规模与性质。

④ 历史文化旅游资源点

县域内具有历史、文化、旅游级别较高，承担地方文化特色并具备代表的资源点。

2)"线"要素

① 城镇发展轴

城镇数量相对密集，具有整体发展趋势，被重要线状廊道（铁路、公路）所串接的地带。一般县域城镇发展轴是通过道路设施串联重要城镇，包括县域核心县城、重点镇等。

② 产业发展轴

以道路（铁路、公路）基础设施廊道连接，具有带状的产业链且产业相对集中区域，整体分布具有特定结构、功能、层次的产业集聚区域。

③ 交通发展轴

串联县域重要节点城镇、重要产业集聚点或历史文化旅游资源点的重要交通基础设施，包括铁路、高速公路、国道、航运线等。

④ 文化发展轴

连接县域内文化级别、文保级别、景区级别较高的资源点，形成具有地方文化特色与文化代表聚集带。

3）"面"要素

① 生态保护区

城乡空间尺度下自然山川、沟壑、河流水系、湖泊、植被与动物等天然集中分布的风景名胜、自然遗迹、生态保护、科研管理的区域。

② 产业生产区

县域内主导产业的生产区域，包括农业生产区、工业生产区。农业生产区是指农业生产集中、专业化地区。工业生产区以工业生产为主体，集中比较多的工矿企业，并配置与工业发展有关的居民点、区域性公共设施、交通运输网等，是区域工业生产综合体。

（2）县域城乡空间结构转型的影响因素

1）城镇体系结构与职能分工

城镇体系是指在一个相对完整的区域或国家以中心城市为核心，由一系列不同等级规模、不同职能分工、相互密切联系的城镇组成的系统[168]。20世纪60年代首次作为独立概念，我国自80年代开始逐步应用。城镇体系系统由逐级子系统组成，各组成要素按其作用大小可分成多个层级。它不但作为一定时间内的稳定状态而存在，而且随着时间发生阶段性系统性变动。

城市职能是城市在一定地域内的经济、社会发展中所发挥作用和承担的分工[169]。城市职能主要分为两类，一类是以综合职能为主的综合性城市，按城市行政等级形成城市管理等级网络，共同构成满足各种社会需求的综合职能体系[170]。第二类是基于城市地方特色及产业结构而形成，包括交通型城市、工业型城市、农业型城市、旅游型城市、商贸型城市等。现代化大城市具有多种职能，小城镇职能相对简单。

2）城乡产业发展

城市产业结构是社会再生产过程中形成的各产业之间及其内部各行业之间的比例关系和结合状况，主要分为农业主导型、工业主导型、旅游商贸主导型。工业主导型中工业产业因轻工业、重工业之间比例关系和结合状况不同而细化。不同性质城市，如综合性经济中心城市和专业性城市，产业结构、部门结构以及与此相关的劳动就业结构、技术结构和组织管理结构等不同。相同性质城市，在不同的经济技术发展水平条件下，产业构成也不同。

3）城乡人口规模等级

城乡人口规模等级根据人口数量而划分，超大城市的人口1000万以上，特大城市的人口500万~1000万，大城市的人口100万~500万，中等城市的人口50万~100万，小城市的人口50万以下。截至2018年全国县级市366个，县2862个，人口大于50万的有300多个。人口规模等级决定城乡功能配置标准。

由于人口动态流动，促进城乡人口规模变化。整体上我国人口流动呈现从乡村到城市、从欠发达地区向经济活跃地区和大城市转移，西部人口向东部人口转移的趋势，城乡人口地理分布呈现梯度结构状态。城乡人口流动影响城镇规模的发展演进，人口动态流动影响城乡空间结构变化。为了留住与吸引更多人群，需优化城镇体系与城镇职能、调整产业方向、提升人居环境等。

4）城乡建设用地规模

城乡建设用地是城乡空间结构的物质空间载体，承载着城乡发展中所有经济、社会、生态等活动。十九大报告中提出"促进经济空间集约高效、社会空间宜居适度、生态空间山清水秀",从战略高度总结生产、生活、生态空间的发展要义[171]。

在"管住总量、严控增量、盘活存量"前提下实行差别化建设用地标准,超大和特大城市的中心城区原则上不因吸纳农业转移人口安排新增建设用[172]。县域中心城市及建制镇需要根据《国家新型城镇化规划(2014～2020年)》指标,对人均城镇建设用地、人均居住用地进行控制。针对城乡建设用地布局,依据城镇体系规划与各县城市总体规划的发展目标,合理测算城镇建设用地规模,确定新增建设用地面积,确定新增建设用地中不同用地性质比重。合理分配建设用地指标,合理布局产业用地。

针对乡村地区,降低乡村建设用地总量,提高乡村土地利用效率,倡导村民集中居住,对旧村落、整合后村落、闲置村落进行复垦。结合户籍改革及农村宅基地制度改革,鼓励进城落户城市后将乡村宅基地有偿转让。以此为基础推广城乡建设用地增减挂钩,在保障乡村发展与村民生活需求的前提下,将置换后的土地指标用于城镇建设。

(3)转型模式(图3-4)

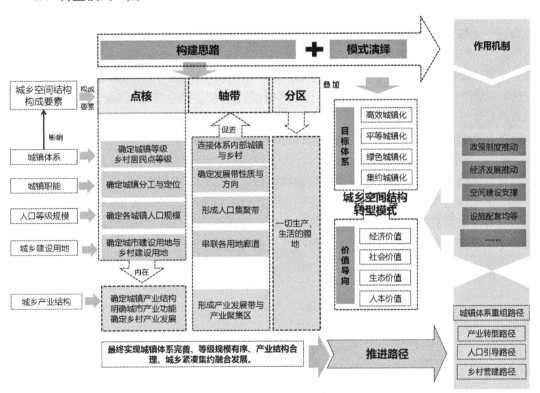

图 3-4　新型城镇化背景下县域城乡空间结构转型的模式图

图片来源:作者自绘

新型城镇化对城乡空间结构的影响因素具有明确导向,将其与影响因素进行关联,在县域城乡尺度上进行空间投影,结合人口阶段性空间分布进行叠加,最终建构城乡空间结构转型的理论模式框架。目的是促进城乡空间优化、提升要素自由流动,实现城乡协调与公平发展[173]。以平等出发点建构城乡空间,改善和提升流动人口在区域内权利,满足空间生产剩余价值回归到日益增长的物质与精神需求上,缓解当前社会—经济—人口—自然之间紧张关系。在空间尺度上兼顾效率与公平、政府与市场,实现整体利益与长远利益。在城乡发展中兼顾资源分配效率与不同群体利益，尊重区域内所有人基本权利，创造基本保障和公共服务，提供均等自由发展机会[174]。实现城镇体系完善、城乡各城镇与乡村人口规模等级有序、产业结构合理，城乡一体均衡发展。实现城乡空间正义，城乡紧凑集约发展。

1）体系完善、等级分明

县域内完善中心城市、重点镇、一般镇、中心村的城镇体系，从等级数量、等级规模多方面，确定相互之间等级层级关系。空间上促进各等级城镇、乡村均匀分布，控制各层级建设空间拓展速率与规模，促使中心城市及重点镇辐射力均等。结合各等级城镇分工与定位，制定发展目标，促进专业化、错位化发展。

2）聚集产业，融合发展

在县域内通过"线性"城乡空间结构要素进行搭建，城镇体系合理化完善，促进产业生产要素聚集，工业向园区集中，推进新型工业化。促进农业规模化、机械化、现代化发展，促进新型城镇化、新型工业化与农业现代化融合发展，以全县域空间尺度统筹城乡要素，进行空间统一规划、资源统筹配置、生态优先保护，促进农民向城镇集中、土地适度经营，促使城乡融合发展。

3）三产融合，产城融合

促进县域一、二、三产融合发展，协调三次产业比例，以第一产业为基础、以第二产业为支柱，引导产业城镇化与人口城镇化、土地城镇化融合，促进产业与城市匹配，以城市为基础，承载产业空间和发展产业经济，以产业为保障，驱动城市更新和完善服务配套[175]，以达到三产融合、产城融合。提升城市与乡村土地利用效率与价值，实现城乡之间建设用地占补平衡，

4）极核带动，组团生长

通过县域中心城市极核带动，以建制镇镇区、乡村社区为组团核心，发展县域内不同规模、不同功能的人居聚落。通过交通轴线、产业发展轴线、城镇密集带、生态与大型基础设施廊道成为县域轴向发展带，最终形成城乡产业规模最佳、生态空间最美、社会空间最公平，城乡生产—生活—生态最匹配的城乡空间模式（图3-5）。

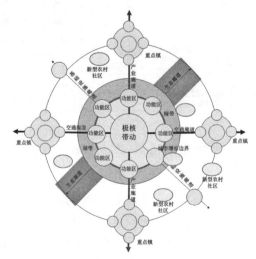

图3-5 新型城镇化城乡空间结构转型的空间示意图

图片来源：（1）张沛，孙海军等. 中国城乡一体化的空间路径与规划模式——西北地区实证解析与对策研究 [M]. 北京：科学出版社，2015；（2）根据（1）及相关资料改制

3.3.2　新型城镇化背景下县域城乡空间结构的推进路径

（1）新型城镇化的关注点（图 3-6）

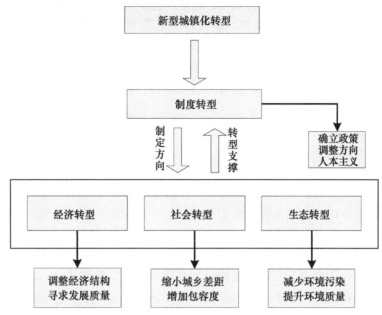

图 3-6　新型城镇化转型发展模式

图片来源：（1）黄瑛，张伟. 大都市地区县域城乡空间融合发展的理论框架［J］.现代城市研究，
2010，25（10）：74-79；（2）根据相关资料改绘

1）制度转型——增加人本主义关怀

制度转型是国家转型根本，谋求发展方向的重要引导。制度对能动者的经济行为及资源配置方式和效率的影响至关重要[176]，影响着社会资源配置，影响城乡空间结构。制度转型带来经济、社会领域的变革。城乡二元体制未彻底解决，城市内部又出现新二元结构，从而形成三元体制，对社会稳定造成威胁[177]。因此转变政府角色，从管理者转为服务者。对"人"的关注转变，从城市市民到乡村农民，关注弱势群体，增加人本主义关怀。调动中央政府、地方政府积极性，推进乡镇企业及乡村地区产业的发展。

2）经济转型——提高经济生产质量

经济转型是资源配置和经济发展方式的转变，包括发展模式、发展要素、发展路径转变。是经济结构调整，是支柱产业替换，是国民经济体制一个由量变到质变的过程[178]。提高生产质量、生产效率，提高城乡之间综合效率。避免因中国人口红利消失而影响发展速度。人口集聚利于规模经济与规模效应的产生，利于扩大市场容量、深化分工、创造就业和提高生活水平。

3）社会转型——增加包容度，实现社会公平

社会转型是经济转型的目的，指社会经济结构、文化形态、价值观念等发生深刻变化。中国 6.7 亿的城镇人口中非农户籍人口仅占 3.56 亿，比重为 27%，意味着 10 个城镇人口中 4 人不能享受城市福利与公平待遇。二元制结构阻碍城市中等收入人群的扩大，出

现了中国特色候鸟式的迁徙现象。城镇化初期阶段伴随着农产品与工业产品的剪刀差，群体之间收入差距，地区之间收入差距。"让一部分人先富起来"的政策，社会矛盾加剧。选择更具有包容性的城镇化发展道路，彻底将人留住，享受平等的教育、医疗等福利，提供平等就业机会。壮大中等收入人群规模，稳定社会结构。

4）生态优化——保护环境与资源，提升环境品质

在经济、社会转型的背景下，适应转型步伐，调整最佳匹配模式，达到经济、社会、生态发展的最优状态。由于长期过于注重经济发展，出现诸多环境问题，甚至开始阻碍经济的继续发展，影响居民生活水平。面对环境逐渐被污染、资源逐步匮乏，生态系统逐步恶化，必须走可持续的发展道路。

（2）县域城乡空间结构转型推进路径

1）产业转型的推进路径

① 承载东部产业转移，产业结构重新分工

东部沿海是全国参与经济发展的主力场，产业由劳动密集型制造业、产业信息技术型产业与生产性服务业构成。东部地区由于原材料、土地资源、劳动力成本需要向中西部转移，促进东部地区产业结构优化，重点发展高新技术产业、信息产业、贸易金融产业等。中西部地区成为产业转移主要地区，应促进资金、技术等生产要素流入，促进经济发展与产业联动。在梯度转移趋势下，产业结构呈"分散中集中"重组趋势，降低二产中制造业比重，促进三产尤其是现代服务业增加。生产性服务业促进商业、金融向县域中心城市聚集，工业向外围扩散，促进产业结构重新分工，实现地区整体发展。

② 强化县域主导产业，发展特色产业

新型城镇化背景下经济发展在于产业结构转型与升级。在我国产业发展历程中，县域是工业发展的主要集聚地。强化县域主导产业，主导产业是县域经济中产业结构战略转型的方向和未来，县域经济要完成工业化转型的任务[179]。通过乡镇企业改革、市场推进、科技投入、产城融合、产业结构升级等方式，带动县域经济繁荣。促进农业产业化与现代化发展，提升传统农业生产率，大规模推进农田水利、土地整治、土地流转、中低产田改造和高标准农田建设。完善耕地占补平衡制度，保持基本耕地红线不被侵占。加快推进农业结构调整，促进农林牧渔结合、种养加一体发展。推进乡村地区一二三产融合发展，延伸农业产业链。

县域旅游业基本上依托现有资源（主要以自然资源、文化资源、历史资源为主），发挥旅游整合联动作用，带动县域经济发展[180]。服务业由传统服务业构成，分布于县域中心城市与小城镇。因此应完善县域中心城市及城镇基础设施与公共服务设施水平，引入多元的经营与管理合作者，提高旅游服务接待能力。拓展多种旅游方式，满足多样化旅游需求，加快旅游产业升级。破解现状旅游体制，成立"旅发委"，普及"1＋3"机制，形成"精致景点、精品服务、精彩业态"全域旅游发展模式。

2）社会转型的推进路径与人口规模等级调整

实现城乡社会和谐是空间转型的首要任务[181]。城镇化发展必然促使城市文明向乡村地区渗透，但城市化不是要消灭乡村[182]。建立平等城镇化关键在于统筹与一体[183]，核心是平权与平等即注重城乡之间平权发展，农民与市民之间平等生活。在县域尺度上城市社会空间要加强基础设施改善、完善公共服务设施的半径化覆盖，逐步落实撤乡并镇，或

撤镇并街道办等政策，增强城市绿地建设与城市文化营造。乡村社会空间明确人口流动方向、产业发展方向，通过产业导向、人口引导明确乡村居民点撤并、扩大、复垦等方案。发展农村社区化，使得农民享受城市社区生活水准。

目前我国出现多重流向转移，一种呈现"单向式"转移，即通过上学、技能等手段转移到城市，并逐步转化为城市的一员。第二种呈现"候鸟式"流动，城市劳动密集型产业带动促进乡村剩余劳动力的大规模流动，大批农民工进入城市工作，出现了"离乡不背井"的劳动力转移模式[184]，导致所在地或者既有城市空间发生变化，城乡格局随之变化。第三种是乡村剩余劳动力就地转移，出现"离土不离乡"的劳动力转移模式，所在地区城镇规模和空间发生变化，城镇体系随之改变。引导乡村地区剩余劳动力"有序流动"与"有向流动"。为农业现代化、机械化生产奠定基础，改变传统的耕作方式与耕作半径，改变乡村居民点密度、规模和群体结构以及传统乡镇体系结构[185]，促进乡村居民点的重组与变迁。

3）生态优化的推进路径

新型城镇化转型强调人与资源、环境、经济的协调发展。要保持区域经济和社会发展的持续性，又要促进城镇区域与生态系统的良性循环，在人与自然、人与环境之间寻求和谐共生[186]。因此在县域尺度上生态环境良好可满足群体社会活动与经济活动，对经济发展与产业调整有促进作用。强化生态空间建设重要性，在保证城市发展与产业发展需求前提下，划定生态功能区，根据不同区划级别进行不同标准建设。强化生态空间系统性，在城市中结合中重要节点、门户、历史遗迹等要素，建设公共绿地空间与廊道。在乡村中增种本地乔木，给村民提供更多交流与树下空间。

4）城乡空间转型中乡村转型的推进路径

乡村从传统农业社会向现代化社会转型，结构转型是核心。产业结构的转变、农业企业与农业就业人口、农业劳动生产率的变化、乡村聚落结构与社会和文化景观的变化等构成乡村转型发展的主要内容[187]。乡村转型是缓解城乡二元矛盾的主要手段。乡村土地资源的重新整合，乡村居民点的合并与重组有效解决乡村空心化的问题。以乡村转型发展为动态背景，构建合理镇村体系。

3.3.3　新型城镇化背景下县域城乡空间结构的转型机制

（1）政策制度推动

通过优化制度环境、调整公共政策、消除体制障碍等可推进城乡空间结构转型，自上而下保持县域城乡发展平衡。

1）公共政策与体制创新

有效的城乡发展政策，可加快城乡要素自由流动，优化县域内各级建制镇与乡村居民点有序分布。借助法律、政治、规划等手段引导城乡发展，促进城乡空间结构体系转型。打破城乡制度壁垒，加快城乡一体化制度建设，激发乡村发展活力，保障农民享受城镇化带来的土地增值收益。

2）城市规划的空间引导

通过法规确定城乡空间调控与引导的基本框架，利用城市规划促进城乡地域空间体系向理想空间图景演变。引导城乡空间形态演进，强化城乡空间关联发展，促进乡村空间重构，调整城乡空间相互作用。

（2）经济发展推动

经济推动是城乡融合发展的核心动力，影响城乡发展模式及发展路径，影响城乡空间结构转型理论模式建构。城市通过发展都市农业、提升工业化水平、提升服务业完善发展。

1）协调区域产业分工

陶西格把地区分工称之为"地理分工"，分工利益来自于"不同的地区由于气候和资源的禀赋的原因而选择生产某种物品"，来自于一切形式的专业化所带来的一般效率的增加[188]。跨越行政区划范围，从更大区域角度借助城镇之间发展基础与资源优势，促进产业发展带（区）集聚，促进区域内产业联动与资源互补，获得竞争优势。

2）现代农业发展

改变单纯追求经济利益的状态，促进农业与城乡发展融合，有助于改变城市生态格局、减少人口密度、推动城乡融合发展，增加农民收入，缩小城乡差距。普及乡村农业产业机械化使用率，鼓励农业种植规模化，培育农业品牌。推广在原产地进行农产品加工业，延长产业链，降低物流运输成本。通过农业产业化、乡村工业化、特色农业与生态旅游等现代农业产业体系实现乡村地区发展。

3）新型工业发展

新型工业是指科技含量高、经济效益好、资源消耗低、环境污染少、人力资源优势得到充分发挥的工业产业[189]。通过技术手段提高工业化的集约与生产效率、突出产业特色、发挥集群竞争优势，促使工业聚集区成为新型工业化发展的生产载体。工业发展与园区建设是县域地区城乡空间结构转型的主导动力。

4）旅游商贸发展

借助乡村的田野风光、农事劳作、风土民俗与村庄风貌，发展乡村旅游。推动县域中心城市与小城镇商贸服务业发展，使成为城乡设施完善的新平台、乡村旅游的服务基地，打造全域旅游商贸发展路径。有效缩小城乡差距，改善乡村面貌与人居环境，为县域城乡空间结构转型注入新的转型动力。

（3）空间建设支撑

1）小城镇发展与建设

小城镇是加强城市与乡村之间的地域联系，城乡交界地带要素聚集和相互渗透的枢纽性聚落[190]。根据城镇发展现状与趋势、经济发展水平、区位条件、生态自然环境，培育县域增长极，促使小城镇成为人口集中的新主体。推进基础设施向乡村覆盖，公共服务向乡村蔓延。优化空间结构与布局，使小城镇成为城乡要素集约的新载体。通过经济、政策、法律、行政等手段进行统筹规划与引导，培育健康的城乡等级体系。

2）新型农村社区建设

新型农村社区建设选择发展基础较好的中心村，在地域范围内具有相应人口规模与公共服务设施、商业设施、基础设施配套的综合体，是推进城乡空间结构转型的重要途径。通过村庄人口分布与空心化调整，引导乡村空间重组，促进农村集聚。加快土地用途置换，促进乡村空间结构优化、建筑风貌提升与乡村景观美丽。

3）交通设施体系完善

　　合理分布区域基础设施布局，包括交通、市政设施，对城乡空间区域分工、提高协作效率有着重要影响，是区域协调发展必要条件。交通体系完善可加速城乡人流、物流、信息流等的集散，有效促进城乡融合发展。建设城乡快速道路网，以公路交通网络为载体，将县域中心城市、小城镇、乡村进行串联，增强城乡空间联系，促成区域城乡的分工关系。建设城乡公共交通体系，包括地面公共交通设施水平的提升及轨道交通，降低区域城乡的交易成本。

3.4　本章小结

　　本章以新型城镇化的内涵为思考基点，回顾传统城镇化的发展历程与问题，探讨新型城镇化的内涵特征与目标体系，将传统城镇化与新型城镇化进行比较研究，最终将新型城镇化与城乡空间结构的构成要素进行链接。通过新型城镇化价值导向、目标体系与新型城镇化背景下县域城乡空间结构转型的框架建构、路径选择、动力机制共同架构出城乡空间结构的转型模式。

第4章 关中县域城乡空间结构发展的现实审视

4.1 关中县域的总体特征

4.1.1 自然本底特征

（1）区位条件

1）地理区位

关中平原又称渭河平原，处内陆地理中心。介于中部秦岭与渭北北山（老龙山、嵯峨山、药王山、尧山等）之间。西起宝鸡，东至潼关[191]，因位于函谷关和大散关之间称为"关中"。因东西长约360km约八百里，又渭河号称秦川，故称"八百里秦川"。

2）经济区位

关中县域是关中 - 天水经济区的核心区域，是我国西北地区与西南地区密切合作、联运并进的桥梁和纽带，作为欧亚大陆桥的重要组成部分和古代"丝绸之路"的起点，是丝绸之路经济带与21世纪海上丝绸之路的重要节点地区，属西"金三角"经济圈（图4-1）。西"金三角"经济圈是以重庆为核心的成渝城市群、以西安为核心的关中城市群、以兰州为核心的西兰银城市群的三大城镇群的总和（表4-1）。关中城镇群是以航空航天及配套产业、装备制造、专用设备、维修配套产业、数控机床、汽车、机械制造、特高压输变设备，电子及通信设备[192]、历史文化旅游产业、现代服务业、现代农业技术为主导的城镇群。

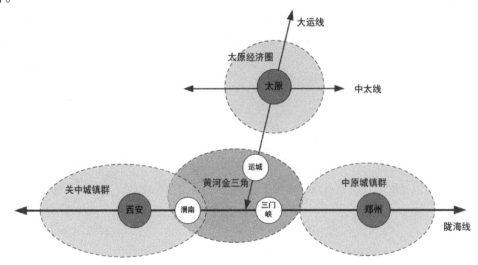

图 4-1 中国西"金三角"经济圈格局关系示意图

图片来源：根据相关资料改绘

中国中西部五大城镇群主导产业比较一览表   表 4-1

城镇群	中心城市	主导产业
中原城镇群	郑州	高新技术、制造业、汽车、铝工业、煤化工、石油化工、电子电器、生物医药、新型材料、化纤纺织、电子装备、食品、重化工业等
武汉城市圈	武汉	汽车整车及零部件制造、光电信息、钢铁有色冶金、石油化工、盐化工、纺织服装、建材建筑、运输机械制造、装备制造业、食品饮料烟草等农副食品加工
成渝城市群	重庆	汽车摩托车、化工医药、建筑建材、金融业、食品和旅游业等
	成都	食品、医药、机械、电子信息产业、机械产业等
长株潭城市群	长沙	新材料、电子信息、生物科技、制药等高新技术产业、轻工纺织、化工、机械、建材、冶金、创意产业、轨道交通设备制造、现代工程机械装备制造、电动汽车关键零部件制造、卷烟、农产品加工
关中天水城市群	西安	航空航天及配套产业、装备制造、专用设备、维修配套产业、数控机床、汽车、机械制造、特高压输变设备，电子及通信设备，工程机械设备，太阳能电池、历史文化旅游产业、现代服务业

图表来源：周亮，白永平，刘扬. 新经济版图成型背景下关中—天水城市群定位及发展对策[J].经济地理，2010.30（11）：1810-1820

3）交通区位

关中县域是中原地区通向西北、西南的咽喉要道，是我国"四纵四横"交通网络的重要节点，是陇海铁路沿线重要中心。其中"四纵四横"是指铁路快速客运通道，"四纵"指北京—上海、北京—武汉—广州—深圳—香港、北京—沈阳—哈尔滨（大连）、杭州—宁波—福州—深圳，"四横"是指徐州—西安—兰州、杭州—南昌—长沙—昆明、青岛—石家庄—太原、南京—武汉—重庆—成都[193]。

（2）地貌格局（图 4-2）

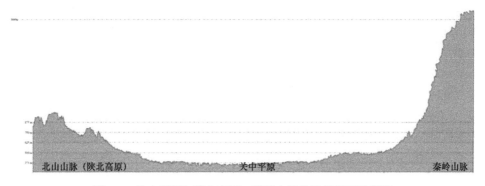

图 4-2 关中平原与陕北高原、秦岭山脉的海拔剖面示意图
图片来源：作者自绘

关中平原介于陕北高原与秦岭山脉之间，为喜马拉雅运动时期形成的巨型断陷带。南北两侧山脉沿断层线上升，形成地堑式构造平原[194]。行政范围内地貌由三部分构成，包括渭河平原、秦岭山地、黄土台塬。其中渭河平原是由阶梯台地组成，因此称为"塬"。"塬"分为一二级阶地，头道塬、二道塬、三道塬。三道塬相当于二级阶地。

（3）历史格局

关中县域是中华民族最早繁衍生息的地区之一，是人口集中、城镇密集的地区。关中平原是中国历史上最富庶地区之一。因地理环境优势，从西周始，先后有13代王朝均建都于关中平原中心[195]。古时陕西中部的北萧关、南武关、西散关和东函谷关被称为秦地四大关塞。因群山环抱，四面关隘成为四关之中称为"关中"（图4-3）。

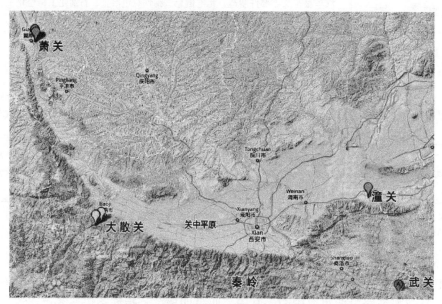

图4-3　关中当代空间格局示意图

图片来源：根据卫星地图改绘

4.1.2　城乡发展演进

回顾关中城乡发展历程，总体划分为雏形期、发展期、稳定期三个阶段。雏形期是秦—魏晋南北朝时期，周代建立统治中心沣镐二京，形成世界上最早双子城，城乡空间结构处于雏形生长期，城乡形态为离散状态。发展期是隋唐—清朝，随着封建社会经济发展，主要城镇初具规模，关中经陇东到兰州、银川一线，城镇尤为密集，城乡空间结构为点状封闭雏形形态。随着新中国成立进入稳定期，城乡发展演进主要经历四个时期。

（1）1949～1978年孤立发展时期

由于实施计划经济，生产力调整和区域经济稳步发展，关中地区以优越地理区位和丰富的自然资源成为国家工业化发展的重点。"一五"和"二五"时期，国家156项重点项目中，陕西占24项，其中20项建设在关中地区。关中地区城镇体系形成3个地级市，20个县级市，96个建制镇，5800多个行政村。县域城乡空间结构为点状封闭结构，城镇发展出现极差现象，相互之间联系不多，处于独自发展状态。"计划经济"主导下决定生产要素定向流动，是此阶段城乡空间结构的主要特征，形成西安、咸阳、宝鸡三个增长级，其他县域地区中心城市呈点状结构（图4-4）。由于城镇发展进入稳定期，地区增长极初步确定。计划经济的二次产业初具规模，此时城镇发展速度高于往期。

图 4-4　1978 年关中县域城乡空间格局关系示意图

图片来源：作者自绘

（2）1979～1990 年极核培育时期

1979 年标志着中国进入全新的发展时期，十一届三中全会以来经济体制改革促进区域城市建设焕发活力[196]。"六五"时期乡村实行联产承包责任制，"七五"时期国家经济改革由乡村过渡到城市。关中地区位于中国西部，受改革开放政策影响较晚，此阶段依然延续"一五""二五"时期的发展格局。在原有基础上继续促进中心城市发展，高速公路网络未建立，城市之间、城乡之间关联度不高，处于独立发展阶段，属增加极核发展期。

图 4-5　1989 年关中县域城乡空间关系示意图

图片来源：作者自绘

截至 1990 年关中地区城镇化率由 1949 年 19% 上升至 23%，城镇体系形成 5 个地级市、34 个县级市、159 个建制镇、5500 多个行政村，城镇数量大幅增加（图 4-5）。随着陇海铁路与高速公路的修建，确定西安、咸阳、宝鸡在关中城镇中重要地位。西安成为地区人口、城镇高密度集中的核心城市，咸阳和宝鸡为次中心城市，其他极核城市规模扩大。"六五"时期受国家政策影响，军工企业进入关中地区，主要集中在西安、宝鸡、咸阳三市，为城市经济发展提供工业支撑，意味着关中地区极核城市的发展格局形成。西安成为陕西省与关中地区的政治、经济、文化中心。宝鸡与咸阳两市成为发展副中心，宝鸡是重工业基地，咸阳距离西安较近是区域性交通中心。

关中区域内部发展差异较大，造成此阶段前期动力依靠农业和工业。农业是城乡发展的保障，是阶段性主要发展动力。中期阶段，改革开放政策覆盖全国，关中地区落实政策的具体措施，城镇发展动力由农业拓展到工商业。后期阶段，由于国家政策转变，工业企业及军事科技研发工业迁入，城市有了新的机遇（图4-6）。此时城乡发展重点依然是发展极核城市即西安与咸阳、宝鸡、渭南、铜川4个地级市，未涉及县域中心城市。发展的重心依然在城市，新机遇新动力只能满足大城市及城市中工业发展的需求，乡村地区发展几乎停滞。

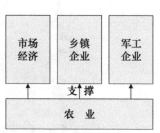

图4-6　极核培育时期动力机制关系图
图片来源：作者自绘

（3）1991～2000年点轴发展时期

此阶段城市数量有较快增长，中心城市建成区范围逐步扩大，交通网络不断完善，区域"点—轴"空间格局发育成熟。至2000年关中地区城镇体系形成省会城市1个、6个地级市、31个县级市、150多个建制镇，4900多个行政村的五级等级体系，空间结构呈多核心和多轴状态。区域整体上以西安为中心，咸阳、宝鸡、渭南、韩城、铜川等城市为副中心，沿着陇海铁路线、西宝高速、210国道、310国道、312国道等轴线发展（图4-7）。

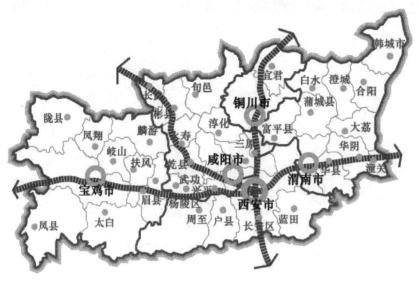

图4-7　1991～2000年关中县域城乡空间结构示意图
图片来源：作者自绘

2006年国务院通过《西部大开发"十一五"规划》[197]，标志着西部大开发战略进入实施阶段。随着"引进来、走出去"与"火炬计划"政策颁布，国家相继成立一批国家级开发区，西安高新技术开发区成为首批，宝鸡市高新技术开发区于1992年获批。正式进入市场经济高速发展时期，产业体系逐步完善。城市发展动力不再单一，与市场经济、土地开发与房地产等综合形成推动力（图4-8）。

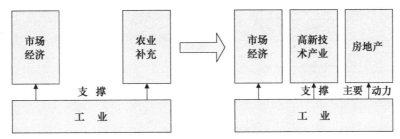

图 4-8　点轴发展时期发展动力转变关系图
图片来源：作者自绘

城镇空间点轴体系基本建立，但关中地区发展重心仍在城市，县域层面中心城市依然被忽视。点轴发展中轴线主要依托铁路、公路连接，造成轴线上城市具备发展优势，非轴线的城市与城镇发展不足，为关中地区发展不均衡埋下隐患。高新技术开发园区位于中心城市主城区范围内，给城市增添新的污染源。

（4）2001 年至今网络发展时期

属于关中城镇群形成阶段，西安咸阳一体化发展趋势增强，成为极核都市圈，最终形成"圈层＋网络化"城乡空间结构。即核心层为西安、咸阳；第二层为紧密层，即临潼、长安、三原；第三层为中间层，即渭南、铜川、杨陵；第四层为开放层，即宝鸡、彬县、黄陵、韩城、华阴、商洛。2010年国家颁布《关天经济区发展规划》标志着关中 - 天水网络城镇群正式建立。核心城市是西安、咸阳。次核心城市是宝鸡、铜川、渭南、商洛、杨凌、天水。三级城市包括韩城、彬县、蒲城、华阴、礼泉、蔡家坡、洛南、柞水、凤翔、陇州、长武、甘谷、武山等中小城市[198]。

随着改革开放与西部大开发政策深入，关中地区经济发展趋于稳定。城乡发展综合动力包括经济推动因素、聚集到扩散效应因素、空间引导动力因素。经济推进是主力，表现在"由城到乡"和"由乡到城"[199]。"由城到乡"市场推进以城市发展为核心，以城市为增长极聚集发展为纽带，从而带动乡村发展。"由乡到城"市场推进体现在乡村城镇化、农业产业化以及乡村工业化三个方面。第三是空间引导动力[200]，引导城乡空间形态有序演进，强化城乡空间关联发展（图4-9）。

关中城镇群已纳入中国十大城镇群内，城镇发展步入新时期。但城乡问题依然突出，核心城市与中心城市首位度过高，不同层级的城镇数量、规模差异大。关中范围内西安市首位度高，市域范围内中心城市咸阳、铜川、渭南、宝鸡首位度高，县域范围内县域中心城市首位度高。大城市剥夺小城市，小城市剥夺县域中心城市，县域中心城市剥夺周边乡村，一级剥夺一级，造成城乡体系中层次差别大。城镇网络体系没有全域覆盖，依托陇海铁路线和高速公路，大多数乡镇并未纳入交通网络发展体系内，失去核心城市带动，地区发展不均衡。城镇体系发展中过于注重城市，乡村在40年变革中改变甚小，尤其是关中北部山区。城乡空间比例不协调，县域中心城市、镇、村的规模较小。

中华人民共和国成立后关中地区四个时期城乡发展示意如图4-10所示。

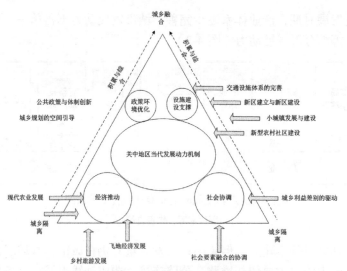

图4-9 关中地区城乡发展动力机制模式图

图片来源：张沛，孙海军等. 中国城乡一体化的空间路径与规划模式：
西北地区实证解析与对策研究［M］.北京：科学出版社，2015

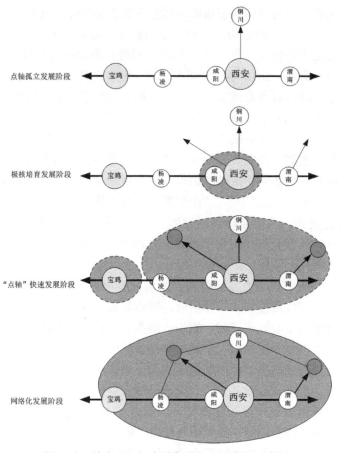

图4-10 关中地区四个时期城乡发展演进示意图

图片来源：根据相关资料改绘

4.2　关中县域城乡经济社会发展分析

4.2.1　经济发展水平比较

（1）经济发展概况

关中地区占陕西省土地面积 27%，集中 61% 的城市。截至 2017 年人口城市化率为 53%，工业总产值 3542 亿元，占全省的 58%，三次产业的比例为 9∶47∶43，呈"二三一"型。关中县均生产总值 85 亿元，地方财政收入 4 亿元，人均生产总值 21283 元，城镇居民人均可支配收入 27007 元，乡村居民纯收入 7877 元（表 4-2 ~ 表 4-4）。

关中地区主要国民经济指标占全国比重一览表　　　表 4-2

指标	关中	陕西	全国	关中占陕西比例	关中占全国比例
总人口（万人）	2 338	3 753	135 404	62.3%	1.73%
生产总值	8 808.62	14 453.68	519 322	60.94%	1.70%
第一产业	641.42	1 730.61	52 377	37.06%	1.22%
第二产业	4441.94	8 073.87	235 319	55.02%	1.89%
第三产业	3477.86	5 009.65	131 626	69.42%	2.64%

图表来源：《陕西统计年鉴 2017》

关中地区城市三次产业经济指标表　　　表 4-3

地区	第一产业总产值（亿元）	第二产业总产值（亿元）	第三产业总产值（亿元）	人均生产总值（元）
陕西	1370.16	8073.87	5009.65	3 8564
关中	641.42	4441.94	3477.86	142 265
西安	195.59	1 881.75	2 288.76	51 166
宝鸡	143.26	895.92	335.15	36 826
咸阳	283.10	876.78	413.80	31 982
渭南	180.00	610.67	363.13	21 717
铜川	19.47	176.82	77.02	32 556
陕南	319.85	759.03	595.51	59 059
陕北	222.94	2 863.38	854.58	137 463

图表来源：《陕西统计年鉴 2017》

关中县域经济主要发展指标表　　　表 4-4

地区	总人口（万）	生产总值（亿元）	地方财政收入（亿元）	人均生产总值（元）	城镇居民人均可支配收入（元）	乡村居民纯收入（元）
陕西县均	28.52	96.18	4.31	33 760	22 415	7 168
全国县均	44.63	120.99	6.60	—	—	—
关中县均	39.00	83.14	3.974	21 283	27 007	7 877

续表

地区		总人口（万）	生产总值（亿元）	地方财政收入（亿元）	人均生产总值（元）	城镇居民人均可支配收入（元）	乡村居民纯收入（元）
西安	户县	60.00	155.24	11.23	25 837	24 817	10 899
	周至	67.20	78.28	2.10	11 648	20 025	7 733
	蓝田	64.67	112.90	3.27	17 457	22 951	9 037
宝鸡	凤翔	52.00	143.01	3.48	27 502	26 630	9 159
	岐山	48.00	144.50	2.74	30 104	29 050	10 435
	扶风	45.00	82.00	2.00	18 222	24 205	7565
	眉县	32.60	101.00	2.60	30 982	31 500	9985
	陇县	26.80	50.8	2.30	18 955	23 002	7643
	千阳	13.00	6.21	0.18	4 777	—	1957
	麟游	9.07	41.15	1.30	45 369	21 215	6696
	太白	5.20	15.8	0.74	30 385	23650	7687
	凤县	11.00	130.2	3.80	10 500	30415	10402
咸阳	武功	44.72	88	1.09	19 673	24 124	8 167
	乾县	58.00	145.04	2.46	25 006	30421	10700
	礼泉	50.00	108.6	2.72	21 720	25048	8381
	泾阳	53.00	118.02	5.34	22 267	26513	8 379
	三原	42.00	120.50	5.88	28 690	26 619	8 383
	永寿	20.34	41.33	1.3	20 319	23 530	7 317
	彬县	35.50	165.43	10.01	—	28 041	9 058
	长武	18.00	52.60	2.8	29 222	24 399	7 556
	旬邑	27.40	102.28	0.78	38 723	23715	7 701
	淳化	20.50	50.25	0.614	24 512	22311	7 518
渭南	华县	37.00	120	3.1	32 432	25500	7670
	潼关	16.00	38.75	2.45	24 219	23 346	7 391
	蒲城	74.30	150.00	5.46	20 188	26 207	7 930
	澄城	40.00	83.01	3.58	20 753	24 750	6 800
	富平	81.00	120.12	11.70	14 830	24 909	7 882
	白水	29.81	68.83	2.15	23 090	24 060	7 178
	合阳	45.00	67.85	21.91	15 078	23 133	6 785
铜川	宜君	10.00	25.84	1.94	25 840	26 441	8 089

图表来源：《陕西统计年鉴 2017》及各个县市 2017 年政府工作报告

（2）县域经济发展比较

运用统计学的统计方法 SPSS11.5 对关中县域经济发展水平进行排序（表 4-5）。对县域经济实力的定量分析[201]，需要选取生产总值、人均生产总值、乡村居民纯收入、人均社会消费品零售总额、地方财政收入、全社会固定资产投资额、人均工业总产值、农业生产总产值[202]。通过 SPSS11.5 统计结果，将关中地区各县域经济发展进行排序。经济发展差距较大，第一名与最后一名经济发展差距在 10 倍以上。从各市县域范围内看，宝鸡地区县域经济发展差异最大，经济排名前五名中宝鸡地区占三名（凤翔县、户县、岐山县），倒数五名中宝鸡地区同样占三名（麟游县、合阳县、太白县）。西安地区县域经济发展相对较好且均等。咸阳地区县域经济发展与渭南地区县域经济发展排名靠中，各县域发展差距较小。

关中各县综合得分排名一览表　　　　　　　　　　表 4-5

序号	县域	得分	序号	名称	得分
1	凤翔县	1.395	17	旬邑县	0.354
2	户县	0.867	18	长武县	0.325
3	岐山县	0.743	19	澄城县	0.320
4	凤县	0.724	20	富平县	0.320
5	三原县	0.649	21	潼关县	0.297
6	华县	0.638	22	宜君县	0.293
7	眉县	0.560	23	千阳县	0.289
8	乾县	0.554	24	陇县	0.273
9	泾阳县	0.516	25	潼关县	0.266
10	彬县	0.475	26	淳化县	0.263
11	扶风县	0.470	27	永寿县	0.244
12	蒲城县	0.463	28	白水县	0.226
13	礼泉县	0.446	29	麟游县	0.199
14	武功县	0.400	30	合阳县	0.124
15	蓝田县	0.391	31	太白县	0.111
16	周至县	0.357			

图表来源：王颂吉，白永秀，宋丽婷．县域城乡发展一体化水平评价——以陕西 83 个县（市）为样本［J］．当代经济科学．2014.36（1）：116-123，128.

根据关中县域经济发展排序，并进行层级分类（表 4-6）。第 Ⅰ 类为经济发展水平最好，包括凤翔县、户县、岐山县、凤县四县。第 Ⅱ 类是县域经济实力相对较好，包括三原县、华县、眉县、乾县、泾阳县、彬县、扶风县、蒲城县八县。第 Ⅲ 类是县域实力相对较弱，包括礼泉县、华阴市、武功县、蓝田县、周至县、旬邑县、富平县、长武县、澄城县、富平县、宜君县、千阳县十二个县。第 Ⅳ 类地区相对最弱，包括永寿县、太白县、麟游县、陇县、潼关县、白水县、淳化县、合阳县。

关中县域经济水平划分层级一览表 表 4-6

层级	县 域
IV类	永寿县、太白县、麟游县、陇县、潼关县、白水县、淳化县、合阳县
III类	礼泉县、华阴市、武功县、蓝田县、周至县、旬邑县、富平县、长武县、澄城县、富平县、宜君县、千阳县
II类	三原县、华县、眉县、乾县、泾阳县、彬县、扶风县、蒲城县
I类	凤翔县、户县、岐山县、凤县

图表来源：作者自绘

（3）经济发展存在问题

生产总值、地方财政收入、人均生产总值、人均可支配收入、乡村居民纯收入均低于全国平均水平。县域经济发展不平衡，经济总量差距高达 14 倍。

1）农业生产结构不合理：农业主导产业以种植业为主，以畜牧业为辅，养殖业比重小。种植业中以传统小麦玉米种植为主，产品附加值低，农业生产以家庭为基本单元，造成生产效率低下。

2）工业产业结构单一：整体上产业结构不合理，盲目推进工业化。县域内均追求"小而全"产业体系，未根据各县特色与资源，产业类型配置雷同，工业产业科技创新能力低下，初级加工、采掘业及工业生产中出现的"废水、废渣、废气"，对环境造成污染。"一县一园"的工业园区配置，但大多数园区未有实体工业企业支撑，造成土地资源浪费。

3）第三产业服务水平能级较低：关中县域以旅游业与传统服务业为主。旅游业以观光游览为主的自然型旅游景区，缺乏可让旅客直接参与的活动[203]。旅游设施薄弱，开发级别较低，接待能力不足。县域中心城市的传统服务业水平跟不上，造成西安、咸阳等大城市剥夺县域旅游发展机会。

4.2.2 人口规模等级现状

（1）人口分布特征（表 4-7～表 4-9）

截至 2016 年关中县域城镇总人口 2093 万，乡村总人口 1673 万人，城镇化率达 56%，超过陕西省平均水平，但低于全国平均水平。

关中地区城镇数量统计表 表 4-7

城市等级标准	数量（座）	所占比重（%）	地 区
超大城市（＞1000万人）	0	—	—
特大城市（500万～1000万人）	1	2.6%	西安
大城市（100万～500万人）	3	7.9%	宝鸡、咸阳、渭南
中等城市（50万～100万人）	1	2.6%	铜川
小城镇（＜50万人）	33	86.8%	杨凌、韩城、兴平等

注：2014 年 11 起《关于调整城市规模划分标准的通知》将城市划分标准重新划定。

图表来源：《陕西统计年鉴 2017》

关中与陕北、陕南人口比较一览表（单位：万人）　表 4-8

类别	关中县域	陕南	陕北	陕西	全国
总人口	3766.4	900.07	587.5	3753	136783
城镇人口	2093.51	297.54	196.9	1877	74915.50
乡村人口	1672.89	602.53	390.6	1876	61866.5
城镇化率	55.59%	33%	33.5%	50%	54.77%

图表来源：《陕西统计年鉴 2017》

关中地区各市县人口统计表（单位：万人）　表 4-9

地区	城镇名称	总人口（人）	城镇人口（人）	非农人口（人）
西安	户县	599442	311709	287733
	蓝田	646658	276770	369888
	周至	671280	416193	255087
咸阳	三原	423591	229162	194429
	乾县	599528	263792	335736
	泾阳	529440	275309	254131
	礼泉	498683	131652	367031
	彬县	359694	179487	180207
	武功	458340	160419	297921
	永寿	208446	72331	136115
	长武	185535	72173	113362
	淳化	200235	68080	132155
	旬邑	294421	103930	190490
渭南	韩城	404725	261048	143677
	华阴	268269	158288	109990
	蒲城	791474	403859	387615
	富平	799364	323580	475784
	澄城	404458	165019	239439
	合阳	457339	187509	269830
	白水	298055	122202	175853
	潼关	165800	99280	66520
	华县	350751	133282	217466
宝鸡	凤翔	523941	250444	273497
	岐山	474548	239647	234901
	扶风	446179	131177	315002
	眉县	321439	138218	183221

续表

地区	城镇名称	总人口（人）	城镇人口（人）	非农人口（人）
宝鸡	陇县	266840	92060	174780
	千阳	133507	50065	83442
	麟游	88388	46846	41542
	凤县	99920	54956	44964
	太白	50655	21782	28873
铜川	宜君	93933	46027	

图表来源：《陕西统计年鉴 2017》及各个县市 2017 年政府工作报告

（2）人口规模等级

关中各县域人口规模分布呈四个等级，第一等级是西安市地区，第二等级是渭南、咸阳地区，第三等级是宝鸡地区，第四等级是铜川地区。渭南地区县域人口规模相对较大，宝鸡地区县域人口规模较小，西安地区县域人口规模与经济发展总量相匹配，咸阳地区县域人口规模相对适中。县域人口在 20 万以下共有 6 个，20 万~ 50 万人共有 17 个，人口在 50 万~ 70 万人共有 5 个，人口在 70 万人以上共有 2 个（表4-10）。

关中县域人口规模等级一览表 表 4-10

人口规模	县 域
Ⅰ类（20 万以下）	长武县、千阳县、麟游县、凤县、太白县、宜君县
Ⅱ类（20 万~ 50 万人）	彬县、武功县、澄城县、合阳县、华县、眉县、陇县、永寿县、淳化县、旬邑县、华阴市、白水县、岐山县、扶风县、陇县、潼关县、三原县
Ⅲ类（50 万~ 70 万人）	蓝田县、周至县、户县、泾阳县、凤翔县
Ⅳ类（70 万人以上）	蒲城县、富平县

图表来源：作者自绘

关中地区平均城镇化率达 56%，西安市域城镇化率为 68%，咸阳市域城镇化率 49%，宝鸡市域城镇化率 50.1%，渭南市域城镇化率 60%，铜川市域城镇化率 64%。各县城镇化率分别为蓝田县 42.8%、周至县 26%、三原县 54.1%、乾县 44%、泾阳 53%、礼泉 26.4%、彬县 49.9%、武功 35%、永寿 34.7%、长武 38.9%、淳化 34%、旬邑 35.3%、韩城 64.5%、华阴 59%、蒲城 51%、富平 40.5%、澄县 40.8%、合阳 41%、白水 43%、潼关 59.9%、华县 38%、凤翔 47.8%、岐山 50.5%、扶风 29.4%、眉县 43%、陇县 34.5%、千阳 37.5%、麟游 53%、凤县 55%、太白 43%、宜君 49%。

4.2.3 城乡发展水平测算

对关中县域城乡发展水平进行量化研究，准确认识城乡发展现状，并衡量城乡发展水平[204]。结合关中县域城乡发展特色，依托城乡生产要素发展和成果，逐步缩小城乡之间的差距[205]，为城乡空间结构转型发展提供依据。

（1）测算方法选择

采用多指标综合评价方法，将主观分析法与客观分析法相结合。

1）设置矩阵

设 AHP 中目标层元素为 $A1$，$A2$，$\cdots$，As，$\cdots$，Am，准则层元素组为 $B1$，$B2$，$\cdots$，Bi，Bj，$\cdots$，B_n。其中 Bi 有元素 $C1$，$C2$，$\cdots$，Cni。建构超矩阵，行表示汇，列表示源，源对汇中的元素进行两两比较，求解源的相对偏好性[206]。

$$W = \begin{matrix} B1 \\ \\ B2 \\ \\ B_n \end{matrix} \begin{matrix} C11 \\ \cdots \\ C1n1 \\ C21 \\ \cdots \\ C2n2 \\ CN1 \\ \cdots \\ CNnN \end{matrix} \begin{bmatrix} W11 & W12 & \cdots & W1N \\ \\ W21 & W22 & \cdots & W2N \\ \\ WN1 & WN2 & \cdots & WNN \end{bmatrix}$$

超矩阵 W 中元素 Wij 是基于判断比较矩阵获得的归一化特征向量，但 W 不是归一化矩阵，以控制元素 Bs 为准则，对控制元素 Bs 下的各元素组对各元素组 Cj 的重要性进行比较，归一化的排序向量[207]：

$$A = \begin{bmatrix} B11 & \cdots & B1N \\ \vdots & \ddots & \vdots \\ BN1 & \cdots & BNN \end{bmatrix}$$

将矩阵 A 与 W 相乘得到加权超矩阵：

$$W' = a_{ij}W_{ij}$$

2）一致性检验

当判断矩阵 W 是一致性时，每一列向量都是特征向量。特征向量标准：

$$W' = (W_1, W_2, W_3, \cdots\cdots W_n)^T，并满足 = 1$$

计算 $CR = CI/RI$，其中 CR（Consistency Ratio）为检验系数，若 $CR < 0.1$，表明判断矩阵通过一致性检验，否则就应对判断矩阵进行修正。CI（consistency index）为一致性指标，计算公式 $CI = (\lambda max - n)/(n-1)$，其中 λmax 是判断矩阵的最大特征根，n 为成对比较因子的个数；RI（random index）为随机一致性指标，指标大小与判断矩阵的阶数有关。矩阵阶数越大，出现一致性随机偏离的可能性越大[208]（表 4-11）。

随机一致性指标 RI 的数值　　　　　　　　　　　　　　表 4-11

阶数 n	1	2	3	4	5	6	7	8	9	10
RI 值	0	0	0.58	0.90	1.12	1.24	1.32	1.41	1.45	1.51

图表来源：王颂吉，白永秀，宋丽婷. 县域城乡发展一体化水平评价——以陕西 83 个县（市）为样本 [J]. 当代经济科学 .2014，116-123，128.

（2）测算指标选择

包括城乡经济发展水平、城乡社会发展水平、城乡空间发展水平[209]、城乡文化发展水平、城乡生态发展水平，准则层 5 项、影响因子 22 项（表 4-12、图 4-11）。

（3）城乡发展水平计算

1）数据处理

C1 ~ C22 因子数据来源《中国县（市）社会经济统计年鉴 2017》《中国城乡发展一体化报告（2017）》《中国关中天水经济区发展报告（2017）》《陕西省统计年鉴 2016》、《陕西区域统计年鉴 2017》以及地方各市统计年鉴与政府工作报告。专家打分法的数据来源于对高校、规划研究院、规划管理部门等人员进行问卷调查，综合加权分数，结果对于网络分析法进行补充。

城乡发展水平评价指标表 表 4-12

目标层	准则层	序号	指标层	单位	属性
城乡发展水平 A	现状城乡经济发展水平 B1	C1	城镇化水平	%	正
		C2	人均 GDP	元 / 人	正
		C3	二元经济结构系数	—	正
		C4	第三产业比重	%	正
		C5	城乡人均可支配人收入差异系数	元 / 人	正
	现状城乡空间发展水平 B2	C6	城镇密度	个 /hm²	正
		C7	城乡空间人口密度	万人 /km²	正
		C8	公路网密度	km/ 百 km²	正
		C9	城市首位度	—	正
		C10	高速公路覆盖率	%	正
	现状城乡社会发展水平 B3	C11	城乡养老保险参与比	%	正
		C12	每千人接受中等以上教育（专业技能教育 / 高等教育）比例	%	正
		C13	千人医务人员数	人	正
		C14	城乡居民低保水平之比	%	正
	现状城乡文化发展水平 B4	C15	文化体育设施支出	元	正
		C16	历史文化遗迹保护支出	元	正
		C17	人均图书拥有量	本 / 人	正
	现状城乡生态发展水平 B5	C18	万元工业总产值耗能	吨标准煤	正
		C19	城乡森林覆盖率	%	正
		C20	节能环保支出比重	%	正
		C21	建成区绿化覆盖率	%	正
		C22	废水处理达标率	%	正

图表来源：作者自绘

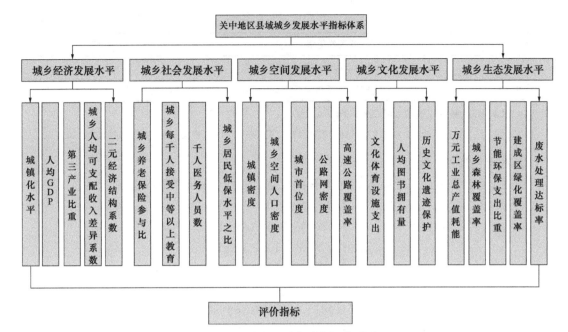

图 4-11　城乡发展水平指标体系图

图片来源：作者自绘

2）水平测算

① 构建矩阵：计算指标 A 相对于指标 B 的权重，形成判断矩阵（表 4-13、表 4-14）。

关中县域城乡空间水平控制层权重分析表　　　　　　　　　　　表 4-13

指标	B1	B2	B3	B4	B5
B1	1	5	1	3	5
B2	1/5	1	1/5	1/3	1
B3	1/2	5	1	3	5
B4	1/3	3	1/3	1	3
B5	1/5	1	1/5	1/3	1

图表来源：作者自绘

1～9 标度方法　　　　　　　　　　　表 4-14

序号	重要性等级	赋值
1	i，j 两元素同等重要	1
2	i 元素比 j 元素稍微重要	3
3	i 元素比 j 元素明显重要	5
4	i 元素比 j 元素强烈重要	7
5	i 元素比 j 元素极端重要	9
6	i 元素比 j 元素稍不重要	1/3
7	i 元素比 j 元素明显不重要	1/5

序号	重要性等级	赋值
8	i 元素比 j 元素强烈不重要	1/7
9	i 元素比 j 元素极端不重要	1/9

注：2、4、6、8 和 1/2、1/4、1/6、1/8 介于其间。

图表来源：陈照，陕北地区县域城乡空间转型模式及规划策略研究 [D]．西安：西安建筑科技大学，2015

② 权重计算

通过上述计算方法，计算 A 相对于 B 的权重，即城乡发展水平权重。

$$
A = \begin{bmatrix}
1 & 5 & 1 & 3 & 5 \\
1/5 & 1 & 1/5 & 1/3 & 1 \\
1/2 & 5 & 1 & 3 & 5 \\
1/3 & 3 & 1/3 & 1 & 3 \\
1/5 & 1 & 1/5 & 1/3 & 1
\end{bmatrix}
$$

$$
\xrightarrow{\text{列向量归一化}} W_{ij} = \begin{bmatrix}
0.447 & 0.333 & 0.365 & 0.039 & 0.333 \\
0.089 & 0.066 & 0.073 & 0.043 & 0.066 \\
0.223 & 0.333 & 0.365 & 0.039 & 0.333 \\
0.149 & 0.200 & 0.121 & 0.130 & 0.200 \\
0.089 & 0.066 & 0.073 & 0.043 & 0.066
\end{bmatrix}
$$

$$
\xrightarrow{\text{按行求和}} W = \begin{bmatrix} 1.517 \\ 0.337 \\ 1.293 \\ 0.800 \\ 0.337 \end{bmatrix}
\xrightarrow{\text{列向量归一化}} W = \begin{bmatrix} 0.360 \\ 0.064 \\ 0.360 \\ 0.152 \\ 0.064 \end{bmatrix}
\longrightarrow AW = \begin{bmatrix} 1.816 \\ 0.323 \\ 1.596 \\ 0.776 \\ 0.323 \end{bmatrix}
$$

$$
\lambda_{mas} = \frac{1}{5}\left[\frac{1.816}{0.360} + \frac{0.323}{0.064} + \frac{1.596}{0.360} + \frac{0.776}{0.152} + \frac{0.323}{0.064} \right] = 5.056
$$

$$
CR = 0.012 < 1
$$

$$
CI = \frac{5.056 - 5}{5 - 1} = 0.014
$$

由此判定，城乡发展水平各个权重（表 4-15）。

关中县域城乡水平权重一览表 表 4-15

指标	B1	B2	B3	B4	B5	W
B1	1	5	1	3	5	0.360
B2	1/5	1	1/5	1/3	1	0.064
B3	1/2	5	1	3	5	0.360
B4	1/3	3	1/3	1	3	0.152
B5	1/5	1	1/5	1/3	1	0.064
	$\lambda max = 5.056$	$CR = 0.012$	< 0.1			

图表来源：作者自绘

遵照同样方法：B1 判断矩阵见表 4-16。

关中县域城乡发展水平 B1 矩阵一览表　　　　　　　　表 4-16

指标	C1	C2	C3	C4	C5	W
C1	1	1/3	1/5	1/7	1/3	0.046
C2	3	1	1/7	1	1/3	0.100
C3	5	7	1	5	3	0.514
C4	7	1	1/5	1	1	0.157
C5	3	3	1/3	1	1	0.183
		λmax = 5.433	CR = 0.096	< 0.1		

图表来源：作者自绘

B2 判断矩阵见表 4-17。

关中县域城乡发展水平 B2 矩阵一览表　　　　　　　　表 4-17

指标	C6	C7	C8	C9	C10	W
C6	1	3	5	1	7	0.387
C7	1/3	1	5	1	7	0.250
C8	1/5	5	1	1	3	0.100
C9	1	1	1	1	7	0.225
C10	1/7	1	1/3	1/7	1	0.038
		λmax = 5.444	CR = 0.099	< 0.1		

图表来源：作者自绘

B3 判断矩阵见表 4-18。

关中县域城乡发展水平 B3 矩阵一览表　　　　　　　　表 4-18

指标	C11	C12	C13	C14	W
C11	1	5	7	1	0.448
C12	1/5	1	3	1/3	0.140
C13	1/7	1/3	1	1/5	0.051
C14	1	3	5	1	0.362
		λmax = 4.204	CR = 0.76	< 0.1	

图表来源：作者自绘

B4 判断矩阵见表 4-19。

关中县域城乡发展水平 B4 矩阵　　　　　　　　表 4-19

指标	C15	C16	C17	W
C15	1	3	1	0.443
C15	1/3	1	1/2	0.169
C17	1	2	1	0.387
	λmax = 3.018	CR = 0.16	< 1	

图表来源：作者自绘

B5 判断矩阵见表 4-20。

关中县域城乡发展水平 B5 矩阵

表 4-20

指标	C18	C19	C20	C21	C22	W
C18	1	7	5	1/3	5	0.316
C19	1/7	1	1	1/5	3	0.086
C20	1/5	3	1	1/5	3	0.092
C21	1/3	5	5	1	5	0.459
C22	1/5	1/3	1/3	1/5	1	0.047
	$\lambda\max = 5.424$		$CR = 0.095$		< 0.1	

图表来源：作者自绘

综合上述计算结果，得出各要素在总评价体系中的权重（表 4-21）。

城乡发展水平评价指标计算表

表 4-21

目标层 A	准则层 B	序号	指标层 C	在 B 的权重	在 A 的权重
城乡发展水平	B1	0.360	C1	0.046	0.017
			C2	0.100	0.036
			C3	0.514	0.186
			C4	0.157	0.057
			C5	0.183	0.66
	B2	0.064	C6	0.387	0.140
			C7	0.250	0.090
			C8	0.100	0.036
			C9	0.225	0.081
			C10	0.038	0.014
	B3	0.360	C11	0.448	0.162
			C12	0.140	0.051
			C13	0.051	0.018
			C14	0.362	0.131
	B4	0.152	C15	0.443	0.160
			C16	0.169	0.061
			C17	0.387	0.140
	B5	0.064	C18	0.316	0.114
			C19	0.086	0.031
			C20	0.092	0.033
			C21	0.459	0.166
			C22	0.047	0.017

图表来源：作者自绘

3）计算结果

① 计算方法

采用加法模型对关中城乡空间的各子系统指标进行聚合，通过计算得出综合评价指数实现对城乡空间发展水平的度量（表 4-22）。

计算公式：$Z = \sum_{i=1}^{n} W_i u_i$

其中 W_i 是第 i 个评价指标的权重，u_i 是第 i 个评价指标的分值。

空间发展水平等级一览表　　　　　　　　　　　　　　表 4-22

综合指数得分	$0 < Z \leqslant 30$	$30 < Z \leqslant 60$	$60 < Z \leqslant 80$	$80 < Z \leqslant 100$
空间发展水平	较差	一般	较好	好

图表来源：陈照，陕北地区县域城乡空间转型模式及规划策略研究——以富县为例 [D]. 西安：西安建筑科技大学，2014

② 计算结果

通过空间发展水平等级分析，关中县域城乡发展水平处于中下阶段，城乡空间结构亟须转型发展（表 4-23）。

城乡空间控制层得失分一览表　　　　　　　　　　　　表 4-23

城乡子空间	满分	实际得分	得失比
经济发展水平	36	25.2	30%
社会发展水平	6.4	2.86	56%
空间发展水平	36	27.00	35%
文化发展水平	1.52	0.91	40%
生态发展水平	6.4	3.33	48%

图表来源：作者自绘

4）计算结论

通过对准则层中各项数据计算，从定量角度进行总结。关中县域经济发展层面，非农产业比重逐渐增强，产业结构逐步优化[210]。经济方面：经济发展整体水平较低，各县域内以及县域之间产业关联度不高，带动乡村发展的作用有限。社会层面：关中县域的整体城镇化率过半，社会发展水平差距较大，公共服务设施与基础设施配置上差距明显。城乡空间层面：县域中心城市的功能逐步拓展，城镇—乡村聚落的空间逐步转型与演进，但县域中心城市空间一支独大，城镇体系有待加强。县域内无论县域中心城市、小城镇、乡村都存在土地不集约，人均建设用地尤其是居住用地过大等问题。生态层面：生态环境逐步提升，生态保护意识加强，点状块状生态绿地逐步恢复，但网络化生态空间未建立，局部地区环境恶劣。

4.2.4　城乡发展特征总结

（1）取得成就

大多数城镇与乡村居民点多位于关中平原地区，主要沿陇海铁路、咸铜铁路、西韩铁路、西宝及西潼高速、西铜高速呈走廊—串珠状扩张[211]。建制镇数量不断增加，城镇人口规模不断扩大。建制镇由 2000 年 360 个增加到 2010 年 467 个。2011 年推行撤乡并镇，建制镇的数量增加至 566 个。自 2004 年关中城镇人口由 1774 万增加到 2011 年的 2438 万，年增长率达到 5%[212]。经济总量不断增长，人均收入水平不断提高。2010 年经济总量达到 6940 亿元。城镇居民人均收入自 2001 年的 5484 元增长到 2016 年的 3.41 万元，增加 6.2 倍，年均增长率达到 11%。城镇化率显著提高。城镇化率自 2002 年至 2009 年以每年 1 个百分点的速度增长，至 2014 年城镇化率过半，2016 年基本与全国城镇化率持平。

（2）问题剖析

1）综合排名落后。在全国 33 个城市群中综合竞争力排名 12，现实竞争力排名 14。在中西部五大城市群排名中均为最后一位[213]（表 4-24）。

中西部五大城镇群在全国 33 个城市群中主要指标竞争排名表 表 4-24

城镇群	综合竞争力	先天竞争力	现实竞争力	成长竞争力	城镇人口数量（万）	土地规模（万 km²）	中心城市竞争力
京津冀城镇群	3	3	3	2	—	—	2
长三角城镇群	1	1	2	1	22 776	35.40	1
珠三角城镇群	2	2	1	3	6 481	18.10	5
中原城镇群	9	7	13	8	5 300	7.80	16
武汉城市圈	7	10	10	5	3 024	5.78	11
成渝城市群	6	4	7	7	—	27.04	9
长株潭城市群	11	11	18	11	4047	9.68	30
关中城市群	12	21	14	10	2 338	—	31

图表来源：（1）中国城市竞争力报告（2014）；（2）中国城镇群竞争力报告；（3）各个城镇群相关规划整理；（4）钟海燕. 成渝城市群研究［D］. 成都：四川大学，2006

2）城乡体系结构不合理（表 4-25）。关中城镇体系虽已建立，但西安首位度高达 5.93，不符合克里斯塔勒的"中心地理理论"。中小城市数量少，难以承接大城市的辐射。乡村、一般镇、重点镇建设水平较低，不能与中心城市形成"金字塔"形的支撑关系。由于中小城市与城镇的断层，西安成为陕西乃至西北地区最具潜力的"增长极"，但限制了整体经济发展[214]。

关中地区城镇数量与规模结构一览表 表 4-25

城市等级标准	数量（座）	所占比重（%）	名　称
超大城市（＞1000 万人）	0	—	—
特大城市（500 万～1000 万人）	1	2.6%	西安
大城市（100 万～500 万人）	3	7.9%	宝鸡、咸阳、渭南
中等城市（50 万～100 万人）	1	2.6%	铜川
小城镇（＜50 万人）	33	86.8%	杨凌、韩城、兴平等

图表来源：《陕西统计年鉴 2017》。

注：2014 年 11 月起《关于调整城市规模划分标准的通知》将城市划分标准重新划定。

3）城乡空间布局不合理。关中地区主要城镇分布在亚欧大陆桥上，呈东西方向，沿主交通干线分布。以西安为核心的"米"字形交通网络联系，但南北方向仅有铜川一个中心城市，东北、西北方向没有中心城市，咸阳和宝鸡之间缺少一个中心城市[215]。

4）区域交通设施不完善，城镇空间交通网络密度不大。关中城镇群基础设施建设取得很大进步，形成航空、铁路、公路的交通体系[216]，但未建构出合理且全覆盖的城市交通网络。由于深居内陆，远离出海口，对外开放力度不足。在西部五大城市群中，城市交通设施水平、城市道路密度排名都在后位（表 4-26）。

中西部五大城市群在全国 33 个城市群中基础设施排名一览表　　　　表 4-26

指标	中原城镇群	武汉城市群	长株潭城市群	成渝城镇群	关中城镇群
城市交通设施	7	15	11	10	19
城市道路密度	9	14	8	11	19

图表来源：作者自绘

5）市带县力不从心。存在"小马拉大车"的问题，咸阳、宝鸡和渭南下辖县过多[217]，分别为 11、8、8 个，不能对所辖县形成有效辐射。城市化水平相对较高的西安和铜川所带县的数量偏少，西安带 4 个，铜川仅辖 1 个，影响中心城市辐射效应的发挥[218]。

4.3　关中县域城乡空间特征分析及空间结构类型划分

4.3.1　县域空间尺度分析

（1）关中地区各县域空间尺度分析（图 4-12）

图 4-12　县域尺度分类的分布示图
图片来源：作者自绘

关中地区各县域分布较广，受地理与地形地貌影响较大。探讨县域尺度的城乡空间类型化，主要探讨县域尺度面积、区域内地貌分布特征、经济发展特征与城乡空间结构特征。西安县域总面积 6291km²，共 3 个县，县均面积 2097km²，蓝田 2006km²、周至 3003km²、户县 1282km²。宝鸡县域总面积 14500km²，共 9 个县，县均面积 1600km²。凤翔 1229km²、岐山 857km²、扶风 744km²、眉县 863km²、陇县 2418km²、千阳 996km²、麟游 1740km²、太白 2780km²、凤县 3187km²。咸阳市域总面积 8100km²，共 9 个县，县均面积 900km²。武功 398km²、乾县 1002km²、礼泉 1018km²、泾阳 780km²、三原 577km²、永寿 889km²、彬县 1202km²、长武 567km²、旬邑 1811km²、淳化 984km²。渭南县域总面积 13000km²，共 11 个县，县均面积 1100km²。其中华县 1127km²、潼关 526km²、富平 1241km²、蒲城 1585km²、澄城 1121km²、白水 987km²、合阳 1437km²。铜川市宜君县 1531km²。

从县域尺度的现状分布图看出，尺度小的县域分布在关中平原中部，尺度适中的分布在关中北部地区，尺度较大的多分布在关中秦岭山地地区。因此将县域划分为三个尺度，即小于 800km²、介于 800～1100km²、1500km² 以上。

（2）关中县域空间尺度的类型划分与特征分析

1）小于 800km² 尺度下的县域城乡空间结构特征

县域面积在 800km² 尺度下的主要位于渭河平原地区，受地形因素影响小，城镇分布相对集中且密集。涉及县域包括（自西向东）宝鸡市的陇县、千阳县、凤翔县、扶风县、眉县、岐山县；咸阳市的武功县、礼泉县、泾阳县、三原县、乾县；西安市的蓝田县、周至县、户县；渭南市的富平县、华县、蒲城县、大荔县、澄城县、合阳县、潼关县，共计21县。由于平原发展便利，历史上均是人类繁衍与兵家之争的区域。城乡空间结构呈现单核心向外拓展式，但城镇建成区面积过大，城镇建设用地超边界建设，乡村居民点面积过小，县域范围内空间结构骨架大，土地浪费严重。由于地势平坦，发展工业便利，县域主导产业多为工业，追求利益最大化及发展低门槛造成产业园区发展水平低，工业科技含量低，生态环境遭破坏。

2）介于 800～1500km² 尺度下的县域城乡空间结构特征

县域面积在 800～1500km² 尺度的县域，多位于平原与山地交汇地带，半山半塬的地貌，可建设用地面积不大，人口、城镇多分布在县域内的平原地区。自西向东主要包括宝鸡市的麟游县；咸阳市的长武县、彬县、永寿县、旬邑县、淳化县；铜川市的宜君县；渭南市的白水县，共计8县。平原发展的便利性决定在县域范围内"重平原轻山区"，发展重点集中于平原，城乡空间结构相对紧凑，城镇与乡村关联度高。平原地区被城镇占据，工业发展空间有限，造成经济发展中主导产业为农业，经济发展相对缓慢，山区城乡空间结构关联度低。

3）大于 1500km² 尺度下的县域城乡空间结构特征

县域面积在 1500km² 以上尺度的县域，主要位于秦岭山地地区，自西向东包括宝鸡市凤县、太白县，西安市蓝田县、周至县，共计4县。受制于自然地貌的制约，可建设用地面积过小，人口与城镇分布广泛。城镇空间体系呈现分散状态，呈单轴串珠型分布，城镇空间形态与地形走向匹配。城镇规模偏小且数量较少，相互之间距离远，时空距离较大。工业发展受限，产业发展主要依靠农业。相比前面两种模式，后者具备优越的生态环境与丰富的生态资源。

4.3.2 县域城镇紧密度分析

（1）分析方法选择与分析原理

1）分析方法选择

根据地理学第一定律，在地球表面每个事物都和其他事物相关联，距离越近则联系越强。因此紧密度是指特定区域内基于地理位置基础上的相邻关系所产生联系的空间关联特征。城镇紧密度是指在特定空间内，各城镇之间相互联系紧密程度。选取 OpenGeoDa 软件即空间统计分析软件进行空间相关性测试及基于时空关系进行验证。其中软件是实现栅格数据探求性空间数据分析的常用软件工具，能够以空间相关性测试（Spatial Association Measures，SAMS）为核心，描述与显示对象的空间分布特征，揭示空间联系、拓扑关系、组织关系、簇聚方式及其他[219]（图 4-13）。

图 4-13　OpenGeoDa 软件界面图

图片来源：作者自绘

2）分析原理

城镇紧密度是区域内所有城镇相关性强弱关系的反映，以城镇人口、经济数据、空间距离、时间经济圈进行空间分析与图示展现，从而得到相互关系。分析过程一般分为三个步骤：

①建立空间权重矩阵，明确研究对象在空间位置的相互关系。②进行全局空间自相关分析，判断整个区域是否存在空间自相关或聚集现象。③进行局部空间自相关分析，找出空间自相关现象存在的局部区域[220]。

运用相关分析是运用 OpenGeoDa 软件并提供 Moran 指数 I 分析及 LISA 分析。其中 Moran 指数 I 分析是基于相邻面积单元上变量值的比较，研究区域中相邻面积单元具有相似的值，统计指示空间自相关；若相邻面积单元具有不相似值，表示可能存在强的负空间相关[221]。Moran 指数 I 公式为：

$$I = \frac{n}{\sum\limits_{i=1}^{n}(y_i-\overline{y})^2} \cdot \frac{\sum\limits_{i=1}^{n}\sum\limits_{j=1}^{n}W_{ij}(y_i-\overline{y})(y_j-\overline{y})}{\sum\limits_{i=1}^{n}\sum\limits_{j=1}^{n}W_{ij}}$$

公式中 n 表示区域中存在的若干个面积单元，i 表示第 i 个单元，y_i 表示第 i 个单元的观测值，$\overline{y}$ 表示观察变量在 n 个单位中的均值。Moran 指数 I 范围在 $1 \sim -1$ 之间，Moran 指数 $I < 0$ 表示负相关，$I = 0$ 表示不相关，$I > 0$ 表示正相关。其中指数 I 越趋近 1 表示总体空间差异越小，趋近 -1 表示总体空间差异越大[222]。其中 LISA 是 Local indicators of Spatial association 的缩写，是局部空间自相关性，能解释其具体空间位置，集聚和的显著程度。

（2）关中县域城镇紧密度计算分析

1）基于人口规模的计算分析

人口规模是城镇化的前提和基础，城镇化基数越大，发展潜力越高，选取人口作为衡量县域城镇规模指标。用 OpenGeoDa 软件加载关中地区各县 2017 年人口统计数据的表格文件（.xls），得出图 4-14Moran 散点图，可区分出区域内单元和其相邻城镇之间的空间联系属性。Moran 散点图以（W-人口，人口）为坐标点，用来判定关中地区县级城镇人口规模空间分布联系的紧密度。图 4-14 表明大多数县级城镇处在第一象限和第三象限，其中第一象限内的点属于"高值—高值"集聚类型，第三象限内的点属于"低值—低值"集聚类型。两个象限点，空间相关性都是一种正相关关系[223]。关中地区县级城镇空间分布的 Moran 指数为 0.223，指数为正数表明关中县级城镇人口空间分布存在着正相关的空间自相关关系，说明关中地区县级城镇人口空间分布不是随机各自成片发展，存在较强空间关联性，即相似值之间存在一定的空间积聚型。

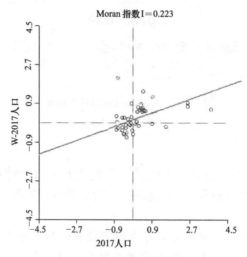

图 4-14　关中县域人口密度散点图

图片来源：作者自绘

　　图 4-15 是 2017 年关中县级城镇人口规模 LISA 图，表达人口空间集聚地区。首先人口规模对周边地区具有正向带动作用，相关地区主要位于宝鸡、咸阳、西安市，表明关中地区中心城市对周边地区在人口集聚方面的带动作用显著，总体上县域人口集聚区主要在关中平原一带，包括富平县、华县、蒲城县、富平县、澄城县、合阳县、潼关县、蓝田县、周至县、武功县、礼泉县、泾阳县、三原县、乾县、陇县、千阳县、凤翔县、扶风县、眉县、岐山县。西南秦岭地区是人口集聚较低的区域，包括凤县、太白县、周至县。

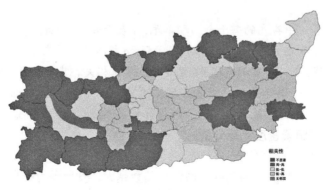

图 4-15　关中县域城镇人口 LISA 集聚图

图片来源：作者自绘

2）基于经济发展水平的计算分析

经济发展好的区域城镇化水平越高，选取人均 GDP 作为县域城镇相关性强弱的数据。根据图 4-16 关中地区县级城镇人均 GDP 总体分布的 Moran 散点图，Moran 指数为 0.372，指数高于人口规模空间分布 Moran 指数（0.223），地区人均 GDP 比人口规模的空间正相关特性更显著，说明相邻地区经济发展已形成联动发展。

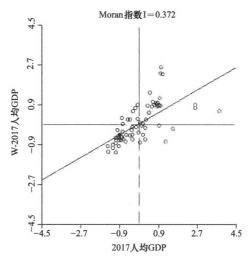

图 4-16　县域现状 GDP 密度散点图

图片来源：作者自绘

图 4-17 是 2017 年关中县域城镇地区人均 GDP 的 LISA 集聚图，呈现县级城镇发展水平表现空间集聚的地区。人均 GDP 对周边地区具有正向带动作用的地区主要位于西安、咸阳、渭南市区周边，证明这些城市对于区域经济的带动作用，而在关中中部偏北地区水平较低，包括长武县、旬邑县、宜君县、澄城县、白水县、淳化县、永寿县、麟游县。

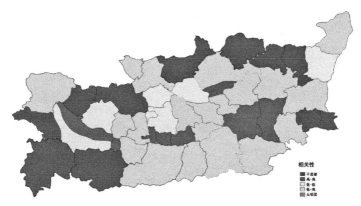

图 4-17　关中县域城镇人均 GDP LISA 集聚图

图片来源：作者自绘

3）基于时空距离的计算分析

① 空间距离

通过模型计算得出 LISA 空间距离连接图，是将关中地区中心城市、县域中心城市、建制镇连接，形成城镇空间紧密联系最直观的反映。从图 4-18 看出城镇空间距离短，相互之间联系紧密主要呈三个方向集中，第一个方向以西安为中心关中西北方向，包括陇县、凤翔、岐山、扶风、眉县。第二个方向以西安为中心向北的方向，包括彬县、永寿、乾县。第三个方向以西安为中心向东北方向，包括三原、泾阳、富平、蒲城、华阴。三个方向基本上是关中地区最主要的交通廊道，表明基础设施对城镇紧密度影响起着重要作用。在西安、咸阳、宝鸡、渭南、铜川大城市市区周边县城与大城市、县域内建制镇都联系紧密，反映出大城市带动作用显著。

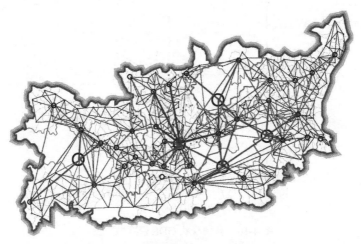

图 4-18　关中县域城镇空间距离分析图

图片来源：作者自绘

②时间距离

图 4-19 是 LISA 时间距离分布图，中心城市（西安、咸阳、宝鸡、渭南、铜川）绘制 2 小时经济区，县级中心城市绘制 1 小时经济圈，建制镇绘制 0.5 小时经济区。时间经济圈最为密集区域集中在关中中部偏东与偏西的位置。包括富平、蒲城、大荔、礼泉、三原、泾阳、乾县、武功，县域空间城镇数量较多，城镇之间距离较短，是关中历史传承与生活居住繁衍的核心地区。

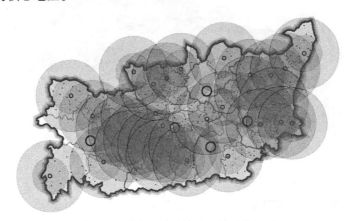

图 4-19　关中县域城镇时空关系分析图

图片来源：作者自绘

4.3.3　县域城乡空间结构类型划分

建立关中县域属性列表，为展开关中地区城乡空间结构的研究建立分类基础。

（1）基于自然本底特征的类型

行政区划范围犬牙交错，造成地域背景差异呈梯度变化，渭河平原型、黄土台塬型、秦岭山地型，不同地貌特征影响城乡空间结构布局。

不同地形地貌的城乡空间结构特征对比一览表　　　　　　　　　　表 4-27

主要类型	地形特征	城乡空间布局类型	特征描述
渭河平原	渭河流域冲积平原	原子状	点状分布形态，会受道路影响
秦岭山地	两山加一川	指状	沿着河流支状流域分布，
黄土台塬	黄土二级台地	单元组团式	受台地建设用地限制，镇村会形成不同组团，组团之间靠交通联系

图表来源：根据相关资料改绘

1）渭河平原型县域城乡空间结构特征（图 4-20、图 4-21）

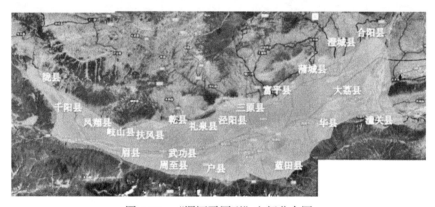

图 4-20　"渭河平原型"空间分布图

图片来源：作者自绘

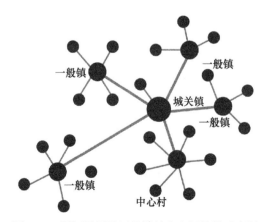

图 4-21　渭河平原地区县域城乡空间结构示意图

图片来源：作者自绘

渭河平原地处关中腹地，属断层陷落区即地堑，后经渭河及支流泾河、洛河等冲积而成。是历史上人类主要的发源地，建制市镇数量最多，人口最集中的区域。是中国最早被称为"金城千里，天府之国"的地方，分布着西安、咸阳、渭南、宝鸡四市，及杨陵区的部分县市。主要包括（自西向东）宝鸡市的陇县、千阳县、凤翔县、扶风县、眉县、岐山县；咸阳市的武功县、礼泉县、泾阳县、三原县、乾县；西安市的蓝田县、周至县、户县；渭南市的富平县、华县、蒲城县、富平县、澄城县、合阳县、潼关县，共计21县。工业化发展水平处于中期阶段，承接东中部经济转型后的工业转移。由于地势平坦，城镇发展地形制约不大，县域城乡空间结构呈点状散落式，形成县域中心城市—镇—中心村—自然村的体系结构，以交通干道为轴线呈原子结构型，即"一心、多轴、多点"。一心是县域中心城市，多轴是县域中心城市与一般镇之间交通发展轴，多点指建制镇与中心村。原子型城乡空间结构最大特点是县域各城镇发展较为均衡。

2）黄土台塬型县域城乡空间结构特征（图4-22、图4-23）

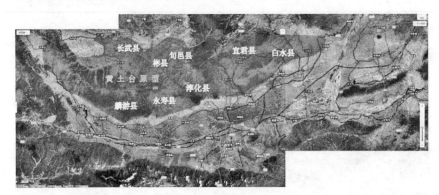

图 4-22　黄土台塬型县域分布示意图
图片来源：作者自绘

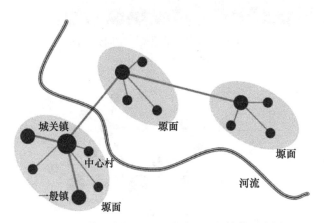

图 4-23　黄土台塬地区县域城乡空间结构示意图
图片来源：作者自绘

黄土台塬地貌属北山山系，是黄土高原与关中渭河平原的分界岭，北部是沟壑纵横的黄土高原，南部是关中平原。两列山系之间分布着20～30km宽度的黄土台塬，是城镇主要分布区域。县域自西向东主要包括宝鸡市的麟游县；咸阳市的长武县、彬县、永寿县、旬邑县、淳化县；铜川市的宜君县；渭南市的白水县、澄城县，共计 9 县。黄土台塬地区富含矿产资源，产业发展主要依靠能源与资源开发、矿产开采与加工等拉动地区经济发展。产业结构由传统农业与现代工业为主，工业以食品、烟草、采掘、建材生产为主。实际工业化水平不高，处于粗放型的工业中期阶段。少数优势城市发展较快，初步形成城镇等级体系，空间上呈现"核心—外围"二元结构关系。

城镇一般分布在台塬面上，县域内囊括多个塬面，各塬面之间靠交通连接，形成沿自然河谷台塬的城乡空间结构。由于塬面地势平坦，城镇与乡村呈散落均质分布，形成"一核，一廊，多区，多心，多点"的结构。一核为县域中心城市，一廊为河谷的生态廊道及平行河谷的交通廊道。多区是指多个塬面，多心是多个塬面的发展中心，多点指中心村居民点。黄土台塬型县域城乡空间结构最大弊端是县域中心城市影响力不均匀，城镇之间交通连接不便，交通成本较高。

3）秦岭山地型县域城乡空间结构特征（图 4-24）

图 4-24　秦岭山地地区县域分布示意图
图片来源：作者自绘

秦岭山地介于关中平原和汉江谷地之间，是黄河流域和长江流域的分水岭，是关中地区南部的边缘地带。城镇沿河谷两侧分布，可用建设用地少，生态环境好。自西向东主要包括宝鸡市凤县、太白县，共计 2 县。受到秦岭山脉及区位限制，产业依托于采矿、农业，工业发展处于初期阶段。区域生态环境受破坏较小，具有较强的后发优势。城乡空间结构各小城镇之间联系较弱，区域发展联动性不强，中心城市吸引力有限，聚集效应不明显。城镇沿河谷发展，城乡空间呈指状分布，形成"一核，一轴，多点"的串珠型结构。一核是县域中心城市，一轴是指沿河谷交通干道形成交通轴。多点指一般镇、中心村。由于城镇建设用地受限，虽靠交通轴连接，但城镇之间距离较远。

（2）基于经济主导产业的类型

按社会经济因素划分主要是基于县域产业类型而划分，不同主导产业类型决定着城乡空间发展动力机制不同，从而影响城乡空间形态不同。

1）农业主导型（图 4-25）

农业主导型指县域经济主导产业为农业，关中农业主导型县域经济中农业包括现代农业与传统农业。参照关中城乡空间结构的历史演变轨迹，农业主导型基本都是历史演进至今，共包括西安市的周至县；宝鸡市的陇县、千阳县、麟游县；渭南市的富平县、白水县、澄城县；铜川市的宜君县，共计 7 县。农业主导型县域经济差距不大，对地区经济发展拉动作用不足，县域发展较为迟缓。非重大因素影响，县域城乡空间结构属于缓慢演进式。传统农业主导型中乡村分布受农业生产的传统耕作半径影响，生产规模小。现代农业主导型指通过土地流转、入股、合作、租赁、互换等方式，发展农业规模经营。在县域范围内以县域中心城市为核心，县域中心城市——一般镇——中心村——自然村四级城镇体系。村庄进行迁村并点，配套城市社区的设施，城乡空间结构为"一心、多区、多点"。一心为县域中心城市、县域中心。多区为农业产业园区。多点为一般镇、中心村。

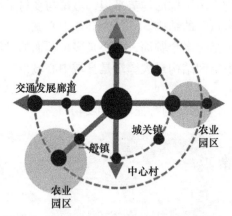

图 4-25　农业主导型县域城乡空间结构示意图

图片来源：作者自绘

2）工业主导型（图 4-26）

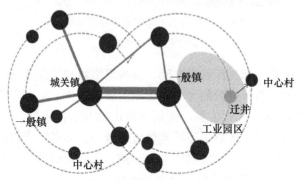

图 4-26　工业主导型县域城乡空间结构示意图

图片来源：作者自绘

工业产业占据县域城镇发展主导位置，工业产业中支柱产业为煤化工、机械加工、机械制造、采掘挖掘、食品加工等，均属于高污染、低门槛、低附加值的工业产业。工业发展对县域经济发展促进较大，但缺乏环保意识造成资源浪费与环境污染，面临继续发展与环境保育两重尴尬局面。此类型包括西安市的户县；宝鸡市的岐山县、眉县、太白县、凤翔县；咸阳市彬县、长武县、泾阳县、永寿县、三原县；渭南市的蒲城县、华县，共计 10县。县域范围内中心城市提供服务配套，工业园区所在镇形成工业核心，构成商贸与工业双核的放射式结构，即"一轴、双核、一区、多点"。一轴为县域中心城市与工业园区之间的交通、产业轴。双核为县域中心城市与工业园区所在的一般镇，一区为工业园区。多点为县域内的其他一般镇、中心村。因大型工业园区招商入驻，导致短时间内城乡空间结构演变，工业企业集聚会造成地区生态环境改变。

3）旅游商贸主导型（图 4-27）

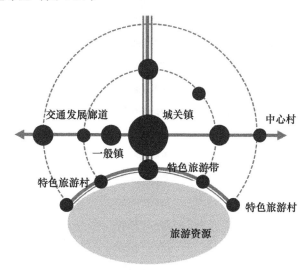

图 4-27　旅游主导型县域城乡空间结构示意图

图片来源：作者自绘

依靠生态、历史、文化等资源，发展旅游、商贸、服务等产业，在县域三次产业中占有一定比重且具备发展潜力。由于资源的丰富性与旅游开发的基础，未来商贸旅游成为县域发展的重点，逐步成为支撑县域经济发展的支柱。目前关中旅游商贸主导型县域发展中旅游开发程度不高，商贸类型过于传统，基本上县域中心城市为县域旅游商贸提供购物、住宿、娱乐、吃饭等配套，县域中心城市与资源点通过便捷交通连接，资源点周边分布着特色镇村。根据对关中县域城镇职能分工，旅游商贸主导型包括西安市的周至县；宝鸡市的凤县、扶风县；咸阳市的乾县、礼泉县；渭南市的合阳县、潼关县，共计 6 县。现状城乡空间结构为"一核、一区、一廊、一带、多点"的结构。一核即县域中心城市，一区即为资源区，包括山脉、河流、文物古迹、遗址、生态公园等。一廊为县域中心城市与资源区之间的便捷交通廊道。一带为沿资源区产生具有特色并具旅游服务功能的特色旅游带。多点即为特色旅游乡镇、一般镇以及特色村。

（3）关中县域城乡空间结构类型谱系建构

基于对关中县域城乡空间的县域空间尺度、自然本底特征、社会经济综合影响等作用进行类型化梳理，将关中地区 31 个县进行结构类型整合（表 4-28）。

关中县域城乡空间结构类型谱系一览表　　　　　　　　　　　　表 4-28

地　区	县　域	基于自然本底特征的分类	基于社会经济综合影响分类
西安地区	户县	渭河平原型	工业主导型
	周至	渭河平原型	旅游商贸型
	蓝田	渭河平原型	农业主导型
宝鸡地区	凤翔	渭河平原型	工业主导型

续表

地　区	县　域	基于自然本底特征的分类	基于社会经济综合影响分类
宝鸡地区	岐山	渭河平原型	工业主导型
	扶风	渭河平原型	旅游商贸型
	眉县	渭河平原型	工业主导型
	陇县	渭河平原型	农业主导型
	千阳	渭河平原型	农业主导型
	麟游	渭河平原型	农业主导型
	太白	秦岭山地型	工业主导型
	凤县	秦岭山地型	旅游商贸型
咸阳地区	武功	渭河平原型	农业主导型
	乾县	渭河平原型	旅游商贸型
	礼泉	渭河平原型	旅游商贸型
	泾阳	渭河平原型	工业主导型
	三原	渭河平原型	工业主导型
	永寿	黄土台塬型	工业主导型
	彬县	黄土台塬型	工业主导型
	长武	黄土台塬型	工业主导型
	旬邑	黄土台塬型	农业主导型
	淳化	黄土台塬型	农业主导型
渭南地区	华县	渭河平原型	工业主导型
	潼关	渭河平原型	工业主导型
	富平	渭河平原型	农业主导型
	蒲城	渭河平原型	工业主导型
	澄城	黄土台塬型	农业主导型
	富平	渭河平原型	农业主导型
	白水	黄土台塬型	农业主导型
	合阳	渭河平原型	旅游商贸型
铜川地区	宜君	黄土台塬型	农业主导型

图表来源：作者自绘

4.3.4　县域城乡空间结构总体评价

（1）县域城镇体系结构普遍过于松散

由于县域腹地庞大必然导致松散的县域空间结构，县域中心城市集聚作用显著，但城镇在县域中部、南部较为密集，由于各县域经济发展联系的紧密度不大，交通设施未搭建起网络化的格局，造成普遍存在城镇空间组织松散，区域联动性差。上千年的耕作历史，自古关中是农业生产主要产地，乡村居民点分布受传统耕作半径的影响，造成居民点均匀散布，加剧县域城乡空间结构松散。

（2）县域城乡建设用地分配不合理

1）县域城镇建成区面积过大，但功能相对较弱

县域中心城市存在着首位度较高的情况，城镇建设用地主要分布在中心城市，造成中心城市建成区过大，地域空间差异明显。但在县域尺度上县域中心城市建设用地及人口规模与县域总量比较，其规模相对较小，造成对周边乡镇与乡村居民点辐射带动作用不强。县域内管辖小城镇数量过多，辐射能力有限，整体呈现出"小马拉大车"状态。

2）乡村建设用地总量过大，但居民点数量过多，造成单个规模较小

县域内建制镇人口规模与产业规模普遍偏小，集聚能力弱，辐射带动能力不足，造成生活方式与乡村相同，基础设施配套标准低，服务功能有限。乡村居民点存在着用地规模小，分散化的情况，基本上行政村人口规模在 3000 人左右，村庄建设用地规模在 $50 \sim 80hm^2$，人均建设用地较大。由于人口外流及基础设施配置落后等因素，造成乡村内部空置宅院数量较高。传统农业生产率与经济活力低，造成乡村内聚力逐步消失，产生"空心化"现象。同时"一户多宅"导致新建住宅选择在村庄外围或交通线沿线建设，加剧乡村的空心化趋势。

（3）县域产业导向不明晰，发展差异较大

我国处在工业化中期水平，但关中县域经济发展存在多层次性，关中县域经济的工业化发展水平滞后于全国县域经济平均水平[224]。县域产业导向不明晰，造成县域内各城镇职能差异较大，经济发展内部差距较大。经济最好的凤翔县与经济发展最弱的太白县相比综合水平差 14 倍。处于发展水平中上的蒲城、大荔、凤县相互之间的发展差距仍然明显。主要原因是在县域经济中农业尤其是传统农业比重较大，工业化水平不高，整体上没有摆脱"农业大县，工业小县"的窘况。在个别工业发展较好的县域中，如凤翔县、蒲城县等，工业支柱产业为高能耗的能源化工、采掘与矿产加工等产业，产业体系趋同，集聚力较弱，附加值低。农业从业人员过多，工业从业人员过少，服务业吸纳就业能力有限。

（4）县域城乡生态空间严重缺乏

受县域中心城市建设用地的拓展与产业建设影响，生态空间呈现破碎化状态。随着人口增长、产业升级、中心城市建成区与小城镇的建成区用地规模扩大，生态空间逐步被挤压。关中县域中心城市普遍存在生态空间严重缺乏，人均绿地面积达不到国家标准人均 $2m^2$ 的要求，中心绿地严重缺乏，生态空间建设严重滞后。乡村居民点绿化空间只有巷道乔木绿化。县域内未形成基质—廊道—斑块的绿地系统。

4.4 本章小结

本章对关中地域发展现实条件与基础进行梳理，对关中县域经济发展、人口规模等级、城乡发展水平进行现状判断。通过对城乡发展水平进行量化，进行城乡发展的问题诊断。对县域空间尺度、城镇紧密度及 31 个县域城乡间结构的谱系建构，客观认知各县域城乡空间结构特征，找寻城乡发展的内在规律，建立关中县域属性类型列表，客观、准确审视关中县域城乡空间结构特征与发展规律。

第5章　新型城镇化背景下关中县域城乡空间结构转型发展的适宜性选择

通过县域城乡空间结构的理论模式建构与对国内外经验模式的借鉴，结合对关中县域的现实审视与发展特征梳理，明确关中县域城乡空间结构转型的目标体系，探讨适宜关中地域特色与县域特点的转型机制，构建关中县域城乡空间结构转型的适宜性模式与路径。

5.1　关中县域城乡空间结构转型的目标体系

5.1.1　经济发展目标：三产联动

《中央乡村工作会议》指出把产业链、价值链等现代产业组织方式引入农业，在强化县域主导支柱产业外，促进各县域地区实现一二三产的融合发展。

（1）培育农业特色化

由于关中地区农业劳动力高龄化，家庭经营粗放、规模细碎、设备老旧、资金短缺，造成农业产业化水平低于全国平均水平。农业产业化与现代化是工业化与新型城镇化发展的基础，是关中发展"四化"的短板。因此转变关中县域农业发展路径，优化农业产业布局，借助相关土地政策的落实，加速土地流转，鼓励土地承包经营权向专业大户、农场、合作社与乡镇企业流转，允许农民以土地承包经营权的方式入股经营，发展关中县域特色的农业发展途径。

（2）发展新型工业化

关中地区整体工业化程度偏低，各县之间产业结构趋同化明显，产业之间上下游关系弱，关联企业地理分布较远。对地方经济带动力大的产业均属高污染、高耗能的产业。随着国家经济发展的产能过剩，导致关中县域经济发展步入低谷。结合市场进行工业产品细分，扩大优势产业比例，做好承接中国东部地区产业转移的准备。

因此强化县域核心支柱产业，通过关中战略产业定位，引导具有工业基础的城镇重点发展，并拓展到一般建制镇。依托关中核心"西安—咸阳"圈层，强化户县以都市型工业为核心的主导产业，周至以有机食品加工为核心的主导产业，三原以特色食品加工为核心的主导产业，礼泉以环保制造为核心的主导产业，乾县以智能纺织制造为核心的主导产业，武功以机械加工为核心的主导产业。依托区域渭南中心城市，强化富平以农产品加工为主导产业，蒲城以煤化工、环保配件制造为主导产业，华阴以农副产品加工、生物医药为主导产业，合阳以机械加工等轻工业为主导产业，白水以农产品加工为主导产业，潼关以黄金加工、现代物流产业为主导产业，大荔以光伏产业为主导产业。依托宝鸡中心城市，强化凤翔以金属冶炼与化工设备制造为主导产业，岐山以汽车及零部件、新能源为主导产业，扶风以食品加工制造、旅游产业制造为主导产业，眉县以硅冶炼加工为主导产业，陇县与千阳以农副食品加工为主导产业。

（3）强化旅游商贸业

关中地区旅游业发展格局基本形成。级别高且载体清晰、显示度高的资源基本旅游资源得到开发，非物质文化资源及显示度低的资源丰富尚待开发[225]，旅游产品单一，旅游设施较为简陋，旅游业贡献率不高。商贸业以低端传统商贸为主，主要分布于县域中心城市，空间分布不均。

重新建构多重旅游线路，依托"西安—咸阳"都市圈、宝鸡市区、铜川市区，发展都市休闲旅游，重点打造蓝田、户县、三原、泾阳、礼泉乡村旅游。依托秦岭山地生态林果资源产业带与人文资源，推进凤县、陇县、眉县、宜君四季御果生态之旅。依托大唐文化资源与历史文化遗迹资源，推进三原、富平、蒲城、韩城、华阴、扶风的关中历史文脉重塑旅游。拓展多种旅游方式，包括休闲度假旅游、特种旅游、康体旅游、商务旅游等。拓展旅游产业融合与升级，引入多元的经营与管理合作者，运用信息化与科技化等手段，融入新兴的旅游体验方式。创新招商引资渠道，实施政府主导性发展战略。加快旅游基础设施建设，提高旅游接待能力，增强旅游产品吸引力。

5.1.2　社会统筹目标：城乡均等

（1）有序引导人口流动

城市人口的机械增长，主要是由乡村进入城市的人口，是我国城镇化发展主要来源[226]。乡村人口大量向城市聚集，西部人口向沿海地区集聚。关中地区属于人口外流地区，人口在省内流动小，在省与省之间流动大。壮大户县、凤翔、岐山、眉县、泾阳、三原、蒲城、彬县、长武县域工业产业，以产业带动人口就地化转化。提升富平、旬邑、淳化、澄城、白水、大荔、合阳等县域农业经济效率，降低农业人口转化速度。促进县域中心城市的功能复合化，发展现代服务业，提高县域内小城镇专业化、特色化的功能，以功能带动人口就地生活。

（2）统一建立社会保障体系

加快农业产业化与土地整合，建立关中城乡统一的社会保障体系。将关中失地农民与进城务工的农民工纳入城镇社会保障范围，提供保障住房、子女上学等便利。提供就业岗前培训，重视农民在身份转换过程中与社会保障制度的衔接，实现关中县域地区保障体系全覆盖，通过保障体系降低人口外流的数量。

5.1.3　生态优化目标：发展匹配

（1）发展思路

在经济转型、社会转型的前提下，调整最佳生态匹配模式，达到经济、社会、生态发展的最优状态。面对资源约束趋紧、环境污染严重、生态系统退化的严峻形势，树立尊重自然、顺应自然、保护自然的生态文明理念[227]。

（2）目标导向

1）经济与生态相结合

由于关中地区地下水位整体偏低，在关中北部地区采用机井灌溉，机井深度均超过100m，"黄河引水工程"不能覆盖所有县，因此采用科技节水的灌溉技术与耐旱植物种植，对现状农业发展进行生态优化，经济效益不作为唯一考核标准。改变关中现状以小规模家庭式农业生产的现状，将农业产业引导多元化转型。调整工业产业结构，改变现状60%县域工业设置机械加工、煤化工、装备制造等高污染工业，走低能耗低污染的发展道路，注重环境保护与生态修复，强调生态发展是工业转型的重要抓手。

2）提升产业生态效率

生态效率是产出与产业投入的比值。产出指生产或经济体提供产品和服务价值。产业投入是指生产或经济体消耗的资源和能源及所造成的环境负荷。目的是提升产业经济效益，促进资源的充分利用，在生态环境合理承载下，达到生态优化下经济最大化。

3）修复被破坏的生态系统

避免产业结构依靠资源开发为主，对已开发山体、地面、水体进行修复。围绕采掘业发展相关产业，产业结构单一。生态环境破坏严重，导致地表植被破坏、土壤结构板结、水土流失严重[228]。资源枯竭能源耗竭会造成城市功能单一，产业衰退、环境恶化、居民生活质量下降等一系列社会经济问题[229]。以东北、山西为代表的资源型城市陆续出现经济结构、经济增长、居民收入、资源环境、社会就业等方面问题[230]。

5.1.4 空间支撑目标：全域覆盖

（1）空间发展目标

关中地区处于快速城镇化的发展阶段，乡村剩余劳动力向县域中心城市与小城镇转移，县域中心城市的文化、生活方式和价值理念向乡村扩散。生产要素向县域中心城市集聚，伴随着聚集后再分散到乡村。从城镇体系来看，完善关中城镇群体系内各层级城镇的规模、职能，通过撤县设市、撤乡并镇的方式增加小城镇的数量，明确各城镇在关中地区的作用与地位。依托宏观尺度和战略层面的主体功能区规划和国土规划，对关中城镇群中各层级城镇进行合理布局，科学评估城市群建设的可能性和规模大小。促进城镇群体系结构紧凑，增加紧密度关联，培育城镇密集区，促进共同构成一个相对完整的"集合体"。

（2）空间质量目标

新型城镇化的质量在一定程度上由城乡空间发展的质量决定[231]。空间质量反映在生产空间的效率、生活空间的集约与生态空间的公平三个方面。在追求人本主义的前提下，在新型城镇化追求"人的城镇化"的价值理念下，注重空间质量营造成为缓解城乡矛盾重要手段，空间质量最具现代人生活本质特征[232]。关中县域城乡空间转型在生态环境约束下，寻求城乡经济空间的高效发展，寻求社会空间的集约发展，实现土地空间正义，有效引导关中县域城镇化进程与城乡空间的有序演进。

依托城镇体系的合理划定，论证各城市发展的规模，确定关中县域中心城市与小城镇规划区和建成区的合理边界，严格控制新增建设用地规模，防止像大城市一样无序蔓延。现状普遍存在关中县域中心城市人均建设用地指标偏高的问题，尤其是人均居住用地指标偏高。从城市存量角度整合土地资源，整治城市低效土地与闲置土地，降低人均建设用地，提高土地集约效率。注重公共服务设施尤其是文化娱乐设施与公园、广场等绿地的配置。针对乡村地区，有效控制乡村建设用地的无序蔓延。在人口逐步缩减与外流的趋势下，引导乡村地区集中居住与集中建设，降低村庄建设用地规模，确保农业用地和生态用地的分布。

（3）空间协调目标

人口自由流动是城镇化进程的推动力之一，城市人口逐步增加，乡村人口逐步缩减，人口是城市用地规模的主要决定因素[233]。注重土地空间与人口分布的协调发展，促进关中县域城乡建制用地拓展与城镇人口增加相匹配。引导人口等级规模及分布与县域城镇建设用地分布匹配，对县域土地资源进行合理配置。改善土地城镇化快于人口城镇化的现象，提高城乡土地利用效率。针对县域中心城区与各建制镇镇区，控制其建成区用地规模，防止造成城乡空间结构异常状态。

注重城镇体系中土地指标分配相协调，明确城镇体系中县域各城镇规模与职能，在县域内控制整体城乡建设用地发展总指标，将指标合理进行分配，避免县域中心城市因职能占据城市建设用地发展指标，造成县域内中心城区空间异常庞大，其他建制镇镇区空间较小。

注重产业园区集聚与城镇功能互补。关中县域产业园区的主导产业为煤化工及相关煤化产业、机械加工、装备制造业、食品加工等，空间上基本远离县域中心城市、镇区，造成园区与城镇分离，园区内公共服务设施与城镇功能相近，出现重复配置问题。注重产业园区与城镇的互动发展，实现产城融合。通过产业体系的扩大与产业链的延伸，产业空间加速聚集，带动县域中心城市的功能发展。加强生态环境保护，建立生态自然保护区，推动发展环保产业，加大污染治理力度。完善区域生态环境保障体系，制定完善的生态环境法规，坚持多样化的生态环境建设，构建完整的生态空间结构。

5.2　关中县域城乡空间结构的转型机制

5.2.1　政策引导机制

（1）以政策引导促进城乡空间结构转型（图 5-1）

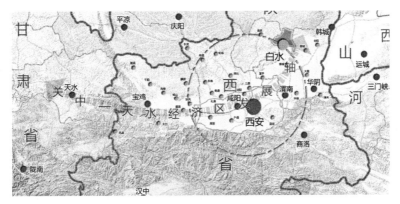

图 5-1　关中城镇群的空间格局关系图

图片来源：根据《关中城镇群发展规划》改绘

政府职能之一是通过引导手段对战略部署、经济发展、资源利用做出合理有度的规划，通过引导实现治理的效果。关中各县级政府借助行政手段引导县域经济发展，要将其纳入关中城镇群的整体发展中。随着《关中平原城市群发展规划》2018年正式批复，西安成为全国新一线城市，借助西安作为西部地区重要的经济中心、对外交往中心、丝路科创中心、丝路文化高地、国家综合交通枢纽的定位，借助宝鸡、铜川、咸阳、渭南的城市综合服务与综合承载能力，增强对城市群发展的支撑作用，形成以西安、宝鸡、铜川、咸阳、渭南五市带县域中心城市、以县域中心城市带一般建制镇、以镇带村的协调发展模式，建立大中小城市并举，城镇空间结构、职能结构和规模等级结构协调有序的城镇体系。

（2）重视地方政府宏观调控作用

宏观调控是关中县域城乡空间结构转型的前提[234]。关中县域是关中发展乃至西北经济发展的重要腹地。重视地方政府尤其是县级政府的调控能力，推进基础设施互联互通与交通网络搭建，推进单中心放射状公路网格局向多节点网络化格局转变，推动富平—阎良、武功—周至、彬县—旬邑—长武、泾阳—三原、蒲城—澄县—合阳、华县—潼关等产业经济协调带动发展，为城乡生产要素流动加快，为城乡人口分布、区域空间结构的演变提供动力[235]，使关中县域城乡空间结构优化得到政策支撑。

（3）通过政策向乡村地区倾斜，有序引导人口流动

关中县域城乡空间结构转型是综合性系统工程。建立强有力的组织协调机制，保证转型工作的顺利开展[236]。新型城镇化背景下县域城乡空间结构转型寻求土地与人口的协调匹配。通过政策向乡村地区倾斜，给县级政府、镇级政府放权，推动撤乡设镇，推进沿铁路沿省级以上公路的乡、综合经济实力强和特色产业优势明显的乡、贫困地区能起辐射和带动作用的乡优先撤乡设镇；推动撤镇设街道，将已纳入县城规划的周边乡镇的村调整到县政府驻地镇管辖；开展扩权强镇试点，赋予试点建制镇项目立项、投资审批、企业注册等方面的县级审批权限；加快村改居进程，按"一村一居"的方式建立社区，健全社区居委会组织体系。引导乡村人口就近转移，乡村剩余劳动力是城乡空间结构转型的主体，有效转移方向与路径是城乡空间结构转型的关键。

5.2.2 经济发展推动

（1）以产业结构优化，促进城乡空间结构优化

关中县域整体经济发展速率较快，但经济发展差异较大。各县域经济总量偏小，造成经济带动力有限。传统种植业附加值低，采掘业、机械加工、能源化工等工业对生态环境污染大，第三产业比重低，造成产业化对城镇化的作用不强。关中县域处于农耕文化发展区内，自新石器时代便有了原始农业，历经奴隶社会、封建社会、新中国的建设与发展，虽然农业发展现状对地方发展贡献率低，地域特色与资源优势决定关中县域发展不能完全摒弃农业。因此从31个县中筛选工业基础较好、农业发展相对较弱的地区，作为重点工业发展集聚区，例如凤翔县、泾阳、彬县、蒲城等。其余县域要弱化传统耗能大、污染高的工业，增加与农业相关的加工业、旅游产业、商贸业的发展。整体调整产业结构，促进城镇各职能转换与城乡结构的优化。

（2）构建新型产业体系，调整产业发展重点，带动城乡空间结构转型（图5-2）

以产业转型为前提条件，推进产业集聚化、产业循环化、产城融合化、产业生态化的

"四化"动态发展。针对关中现状产业体系进行梳理，确定产业体系中衍生产业的门类，将三产进行融合，借助关中城镇群的市场发展潜力，建构新型产业体系。加快落实土地流转的政策，加快建设农业现代化种植的基础设施，引导农业规模化发展，农产品市场化发展。工业在保持现状煤化工、机械加工与食品加工等产业基础上，培育循环经济产业，按照低碳发展方式，与县域中心城市及小城镇融合布局，在县域范围内吸收剩余劳动力，引导人口就地转化。第三产业以县域中心城市及小城镇为重点发展，推动县域中心城市的复合化功能，加强小城镇、农村社区、乡村中心村的公共服务设施配置。构建新型产业体系，促进三产融合，以产业发展促进城乡空间结构优化。

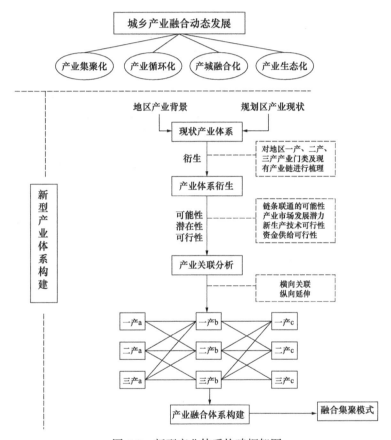

图 5-2　新型产业体系构建框架图

图片来源：《大荔县新型城乡融合发展试验区总体规划（2014-2030）》

（3）以功能培育促进城乡空间结构转型

强调培育关中县域中心城市、重点镇镇区的综合服务功能，以县域中心城市、重点镇为极核带动乡村的自上而下的发展。加速培育关中县域中心城市的区域性能力，承担经济、社会服务、文化政治等功能，增加各类就业机会，通过中心城镇的建设和功能完善[237]，发挥规模集聚效应，促进县域中心城市现代服务业的完善。在交通便利、自然条件较好、现状规模较大的乡村建设中心社区，配置现代服务业基本单元，引导乡村人口集中居住，有序引导农村社区化，倡导城市化的生活方式，提升乡村空间质量与生活质量，成为发展关中整体县域自下而上的联动模式。

5.2.3 设施配套均等

（1）以基础设施配置促进关中县域增长极集聚

基础设施建设对于改善地区发展环境有着重要作用[238]。交通网络建立是城乡发展的基础。交通条件改善促进生产要素流动、城镇集聚、人口集聚及县域城乡空间发展。以中心城市西安、咸阳、渭南、铜川、宝鸡为极核，以各县域中心城市为主要节点，以省级重点镇、市级重点镇为次要节点，搭建相互连接的交通网络体系，包括高铁、城际铁路、高速公路（G5、G30、G70、G85、G59）、国道（G45、G310、G108、G312、G210、G211、G311）、省道（S87、S59、S202、S210、S107、S101、S108、S104、S209）、县道等。结合城乡空间发展的需求，加强县域内道路交通等基础设施建设，促进城乡空间的集聚发展[239]。结合公路、铁路等交通设施，县道、乡道的道路网密度增大，中心村道路完全实现硬化等手段，最终促进城乡空间中各节点城镇的集聚力，优化相互之间的结构。

（2）完善公共服务设施与均等化配套

推行教育服务同质化，重新核定县域中学、小学、幼儿园布点，加强学前教育机构设置，依据各城镇发展等级与规模进行教育设施布置，完善教育设施配套，促进教育公平。西安市周边建立首家村镇银行"阳光村镇银行"[240]，将村镇银行进行推广，开设小额农户贷款、专业农户贷款、微小企业贷款、农房改建联保贷款、个体工商户经营贷款等，为农民创业提供条件。

提高医疗卫生与养老服务保障，利用闲置小学作为乡村养老中心。让农村孤寡老人可享受生活照料、家政服务、康复护理和精神慰藉等服务，享受"日间统一照料、夜间分散居住"的便利，满足"离家不离邻，离户不离村"要求，构建低成本、广覆盖、就地入住、服务灵活的农村养老体系[241]。

推动县城扩容提质，使县域中心城市规模等级、容貌环境、承载能力、聚集能力、居住条件全面改善。完善建制镇镇区道路、供排水、垃圾处理等公共基础设施和文化教育、卫生体育等公共服务设施，扩大住房、教育、医疗等保障覆盖面，提高人口吸纳能力。

5.2.4 空间规划支撑

（1）强化城乡空间关联发展

根据"核心—边缘"理论的解释，城乡关系就是核心区域与边缘区域的关系，是带动、互补、利益一体化、相辅相成的关系[242]。关中县域中心城市的文化、生活方式和价值理念向乡村扩散，生产要素向县域中心城市集聚，伴随着聚集后再分散到乡村。在县域发展中确定县域中心城市的极核地位，通过核心发展带动边缘地区的发展，加强对重点镇、特色镇的培育，并对周边地区乡村带动发展。强化县域内城乡关系网络构建，通过交通搭建网络基础，通过经济、金融、信息等对网络进行支撑，将各建制镇、乡村与网络节点进行链接。突出县域中心城市地位，重视高速公路下线口与国道在县域中心城市位置。对网络节点进行服务设施配套，最终强化城乡空间关联一体化的发展。

（2）促进乡村空间整合与重组

关中乡村普遍存在村民小组数量较多、分布较散，相对集中居住片区内闲置建设用地太多，人均居住用地面积过大。通过镇—村发展目标，以城乡规划技术为手段，对各村民小组发展进行统筹与整合，引导乡村地区集中居住与集中建设，降低村庄建设用地规模。整合后建设用地予以复垦，承接农业规模化、机械化的现代转型。对集中发展乡村居住片区内闲置建设用地进行功能更新，包括绿化节点、广场、养老幸福院、镇村金融银行等。最终解决乡村空心化与建设用地控制，建立村民自治监督小组、中心社区理事会等自治组织，有序引导空间规划落实。负责规划编制、方案制订、责任分解、部门协调、资金筹措与安排，在乡镇设立办公室，负责乡村发展整治的宣传、指导、检查等工作，结合各县实际情况制订实施方案，明确工作重点、整治标准[243]。

（3）完善空间规划内容

城市规划技术手段是空间资源配置的有效手段，具备调控城乡空间公共政策属性。通过高效的空间调控机制，有效引导经济集约、规模化发展，体现战略指导作用。建立针对县域发展相关规划编制体系，包括城市总体规划、多规合一规划、城镇体系规划、城市双修规划、城乡一体化规划、城乡统筹规划、城乡产业发展规划、城市文化产业规划、城乡村庄布点规划、美丽乡村规划、专项基础设施规划等。结合县—镇—村发展特点，编制适合自身发展特点的规划，达到规划的县域空间全覆盖，促进县级政府快速适应市场经济[244]。

（4）强化城乡空间管制内容

按照新型城镇化的要求，将城乡空间划分为限制建设区、禁止建设区、适宜开发区、可以建设区[245]。根据区域划分进行不同等级的保护与开发建设。对于各类发展用地，提高土地集约利用水平，处理好城镇、矿区和村庄的协调关系，提高城乡发展空间的集约化水平[246]。划分耕地、山体、河流、湖泊等生态空间，促进生态环境修复（图5-3）。

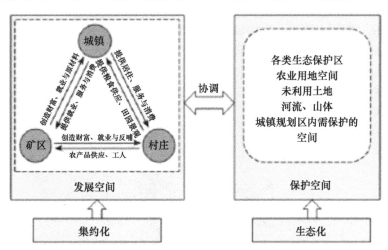

图 5-3　城乡空间生态优化策略模式图

图片来源：席广亮、甄峰等，新型城镇化引导下的西部地区县域城乡空间重构研究
——以青海省都兰县为例 [J]. 城市发展研究，2016，（06）：12-17

5.3　关中县域城乡空间结构转型发展的模式选择

通过理论模式构建与经验模式借鉴，结合关中县域自然本底特征、经济发展现状、县

域空间尺度等特征，对关中城乡空间结构进行客观的整体认知基础上，对关中城乡空间结构转型进行创新性的建构与适宜性的选择。从关中县域城镇体系重组、城乡产业结构优化、县域人口规模调整、城乡建设用地演变四个方面进行城乡空间结构转型的适宜性选择（图5-4）。

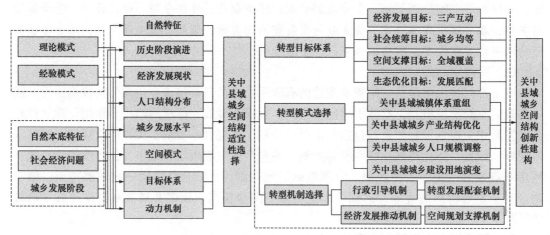

图 5-4 关中县域城乡空间结构转型模式图

图片来源：作者自绘

5.3.1 以完善关中县域城镇体系为基础

（1）加强关中城镇体系紧密度

关中地区呈"圈层＋网络化"的城乡空间结构特征。核心圈层为西安、咸阳。第二圈层为紧密层，即临潼、长安、三原、泾阳；第三圈层为中间层，即渭南、铜川、杨陵；第四圈层为开放层，即宝鸡、彬县、黄陵、韩城、华阴、商洛。网络联系依托交通干线包括陇海铁路线，高速40、45，国道210、312、108、310，省道107、209等形成的交通网络化格局（图5-5）。

图 5-5 关中县域总体空间结构图

图片来源：作者自绘

1）培育空间增长极

① 西安—咸阳都市增长极

以西咸都市圈为整体发展，与周边蓝田、户县、三原、泾阳、礼泉地区形成协作关系，加强关中地区核心增长极地位，完成"西咸"都市区的产业升级、功能升级、空间升级与生态优化，带动关中乃至关天地区的共同发展。在"西咸"都市区内构建45分钟通勤圈，强化同城效应。以西安、咸阳的高新技术产业为培育重心，加强对周边县市带动作用。

② 次级区域增长极

包括宝鸡、渭南及铜川中心城市。宝鸡市处于工业化发展的中级阶段，主导产业以重工业为主，产业集群化、质量与规模并进，以内生性企业为支柱，工业产业向蔡家坡、长青等地区扩散。由于宝鸡距离"西咸"都市区地理区位较远，造成相互之间联动有限。因此推动产业重组与升级，通过自身产业规模与质量并进，发挥极核带动作用，促进关中西部地区城乡发展。渭南处于集聚发展阶段，强化渭南中心城市作用，发挥对市域的乡村与小城镇的带动作用。产业向机械电子、生物医药、农副产品工业转型，避免城镇盲目竞争。铜川产业结构不合理，关联度较低。生态承载力不足，对周边地区的集聚带动作用较弱。依托交通优势、资源优势和产业优势，以生态建设为支撑，延伸绿色产业链，充实城乡发展的动力基础。

2）做强重要节点城市

明确关中城镇群中重要节点城市地位，包括三原、韩城、泾阳、彬县、凤翔、凤县、蒲城、华阴、眉县，在城镇群中具有较强的经济实力和一定的人口规模，承担网络化连接功能，对关中西部、渭北平原、关中东部提供基础服务与服务带动作用。

3）加快发展特色小镇

在关中城镇群中缺乏四级节点城市的支撑，在各县域城镇体系中重点镇数量过少，在31个县中拥有2个重点镇比重为30%，1个重点镇比重为50%。小城镇数量缺乏造成关中城镇群体系不完整，造成县域空间发展不均衡。因此培育特色小城镇的发展，依托关中地域特色，推动特色城镇建设与疏解大城市功能结合，与特色产业相结合，重点发展富平庄里镇、薛镇；蒲城孙镇、陈庄镇；潼关县秦东镇；华阴华山镇；户县余下镇、草堂镇；蓝田县玉山镇；周至终南镇；三原陵前镇；礼泉县烟霞镇；凤翔长青镇、柳林镇；岐山县蔡家坡镇；大荔县许庄镇等。

4）建设县级增长极

县域中心城市作为区域发展中经济社会服务管理中心，对县域城乡发展具有重要的带动作用。特色建制镇依托特色资源、产业定位，辐射带动县域乡村发展。促进关中各县域特色镇数量达2个以上。

（2）构建突破行政区划的发展区

1）重点打造西安—咸阳—渭南城乡发展融合区

西安—咸阳—渭南三市涉及的中心城市、各个县级城市与乡村腹地，是关中地区经济发展实力最强、人口规模最大、人口密度最大、城镇化水平最高的地区。因此统筹三市范围内的发展资源与发展基础，强化"西咸"都市圈带动效应，加强三市同城效应，促进城乡发展的融合。

2）继续发展宝鸡城乡发展完善区

宝鸡地区县域发展具有明显断层现象，凤翔人口规模是千阳县人口规模的 10 倍，经济规模是其 6 倍。中心城市与各县发展差距同样较大，公共服务设施与基础设施建设差距大。市域尺度上，市域西部山区各县以农业发展为主，社会经济发展水平低，发展严重滞后。交通设施沿河谷东西方向布局，造成南北向交通联系较弱，导致中心城市与各县域关联度不高。因此以宝鸡市中心城市为基础，开展产业功能整合与区域分工。以宝鸡市中心城市、重点镇岐山、凤翔、凤县为增长极节点，以铁路、高速公路及一级公路等交通设施为骨架，促进城乡之间的密切联系和协调发展。

3）着重发展铜川城乡发展提升区

由于生态环境脆弱，资源承载力与环境容量不足，城乡发展现实基础均不能承载城乡发展的需求。中心城市辐射能力不足，造成地区发展不均衡，城乡发展差距大。城乡产业关联度低，造成城乡一体化建设进程缓慢。利用铜川一产、三产的后发优势，通过整体发展，以铜川中心城市为核心，加强 210 国道沿线的城乡发展，培育地区次级增长极，带动铜川整体提升。

5.3.2 以优化关中县域城乡产业结构为依托

（1）促进产业联动，构建县域产业发展带

1）构建农业产业发展带（图 5-6）

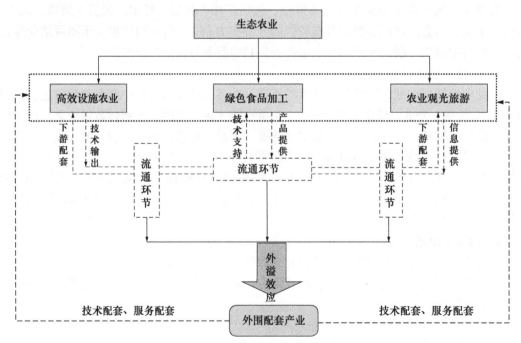

图 5-6　关中县域现代农业体系框架图

图片来源：作者自绘

完善关中县域"粮食种植—果业种植—蔬菜种植—畜牧业养殖"的农业种植体系。依托杨凌农业科技研究院培育新品种，提升小麦单产质量，推广渭北旱塬旱作农业耕种技

术，建设粮食种植标准化示范基地，包括建设蓝田、周至、户县、岐山、武功、富平、合阳等优质小麦、高产玉米基地。建设现代化的果业基地，重点打造白水、蒲城、周至、眉县、三原县等优质水果品牌。建设城市郊区设施蔬菜工程，建设畜牧养殖示范区，包括生猪、牛、奶牛、家禽，培育相关农产品加工企业，涉及岐山、合阳、白水县。依托"西安—咸阳"都市圈，重点打造户县、三原县蔬菜基地。依托宝鸡市，重点打造岐山县蔬菜基地。完善现代农业产业体系，包括农业科技研发、农业科技试验、农业产业优化与推广、农副产品加工、与农业相关的新型农用工业。将农业生产与旅游开发相结合，融入农业观光与采摘，配置相应的游客服务设施，打造周至、户县、蓝田等大都市近郊采摘休闲旅游，延长农业产业链。打造"核心研发—重点示范—区内带动—区外辐射"的农业格局。依托"杨凌国家级农业高新技术产业示范区"的研发技术，发展以横向高新技术为主的知识密集型产业和新型生态产业示范园区，农业化学工程开发与研究、区域生物工程等。以纵向生态产业专业技术作为支持主线和生态产业孵化器基地[247]。在合阳、富平、岐山、武功、周至、蓝田与户县进行试验与标准化生产，在关中其他县域推广。加快建设宝鸡—蔡家坡、铜川—富平、渭南—华阴、杨凌—武功—扶风、彬县—长武—旬邑、韩城—蒲城、天水—秦安、礼泉—乾县、商州—丹凤等[248]农业服务区。构建以公共服务机构为依托的农业社会化服务体系，通过土地流转，开展规模化、集约化、现代化的农业经营模式，让农民就近就业，培育新型经营主体，带动农民搞农业生产。搞好农业产前、产中、产后服务。加大对"三农"的信贷投入与农业保险覆盖面[249]。

2）构建工业产业发展带（图 5-7）

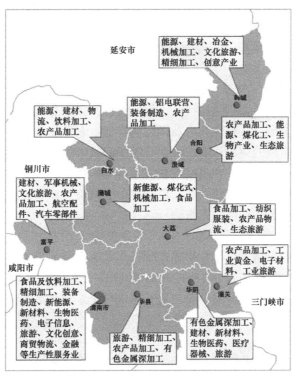

图 5-7　渭南市各县工业产业分布图

图片来源：《渭南市城市总体规划（2016—2030）》

结合西安、咸阳、宝鸡、渭南、铜川五市战略规划，明确西安地区县域重点发展先进制造业，渭南地区县域重点发展机械电子、生物医药、农副产品加工业。咸阳地区县域重点发展装备制造、能源化工、新材料、电子信息、建材、物流、旅游等产业。宝鸡地区县域重点发展数控机床、重型汽车、有色金属加工等。铜川地区县域重点发展能源、建材、食品加工业。明确以陇海铁路、连霍高速沿线形成西安—咸阳航天航空、节能环保、电子信息产业、生物医药、纺织服装、食品制造产业链；以西安—宝鸡形成汽车产业、智能装备、专用通用设备及新材料产业带；以西安—杨凌—渭南形成现代农业、农业加工业、装备制造、机械电子及现代物流业产业带；依托铜川—彬县—韩城形成的向北有色金属、能源化工产业带；依托西安形成区域能源交易中心，秦岭北麓形成生态林业、旅游经济产业带。

（2）明确不同主导产业的转型方式

1）农业主导型的转型方式

① 农业主导型县域特征

县域产业发展中农业占较大比重，关中是农耕文明的重要发源地，农业主导型的数量较多，涉及西安市的蓝田县；宝鸡市的陇县、千阳县、麟游县；渭南市的富平县、白水县、澄城县、大荔县；铜川市的宜君县，共计8县。因各县域的区域位置、自然地貌、发展现状的区别，可将农业主导型县域发展分为三个等级。第一等级发展最快，发展基础最好，农业生产已达到品牌与规模效应，集中位于渭北平原区，包括周至县、富平县、大荔县；第二等级经济发展具有一定基础，但受生态容量与地形地貌限制（黄土台塬地貌），县域范围内无法建设较大规模的工业，农业产业向特色化发展，包括白水县、澄城县；第三等级经济发展较差，在关中县域综合排名靠后，位于秦岭山地区，受交通、用地、地貌等因素综合限制，造成第二产业与第三产业发展不足，农业发展相对占据主导，包括宜君县、陇县、千阳县、麟游县。

② 现状城乡空间结构

农业发展程度决定不同空间结构特征。第一种以县域中心城市为核心，重点镇从事农业生产与农副产品加工产业，是农业产业园区所在地，农业发展较好，村庄规模较大，已完成迁村并点与美丽乡村的建设；第二种以县域中心城市为核心，重点镇农业发展基础较好且正在发展农业产业园区，正在进行迁村并点与移民搬迁的工作；第三种受地形地貌限制比较大，农业生产处于原始劳作状态，以县域中心城市为核心，村庄规模小，空心化现象严重，正在进行移民搬迁等相关工作。

③ 转型方式

关中农业主导型的县域发展呈阶梯式差距，但农业转型的最终目标相同。因此转型方式为"发展现代农业—增加发展途径—进行土地改革—建设美丽乡村"。发展现代农业是经济转型的核心，增加发展途径是手段与路径，进行土地改革是关键，建设美丽乡村是目的与保障（图5-8）。

a. 发展现代农业

推动传统农业向现代农业转变，改变关中现状以小麦、玉米为主的种植产业，转为经济附加值大，产量高的经济作物，例如苹果、柿子、花椒、冬枣、猕猴桃等。强化品牌塑造，例如大荔冬枣、白水苹果、蒲城酥梨、周至猕猴桃、泾阳蔬菜等。利用农产品的品牌效应，推进农业产业化、规模化生产，推进农业园区的建设。扩大畜牧养殖比重，发展畜牧养殖示范园区，例如白水建设 120 万头生猪养殖示范区。促进种植收割机械化率达到 95% 以上。

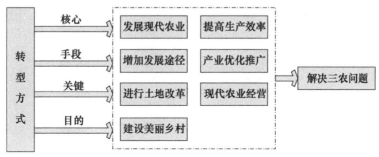

图 5-8　农业主导型县域城乡空间结构转型框架图
图片来源：作者自绘

b. 增加农业发展途径

依托农业种植产品，延伸农业产品的深加工与粗加工，增加发展途径。例如白水县特色种植产业为苹果种植，可培育苹果的相关加工产业，如苹果汁、苹果醋、苹果干的食品加工业，以及苹果包装业、果业机械制造业等相关产业。

c. 进行土地改革

加快关中县域土地流转的进程，促进土地流转政策在全关中县域推进。鼓励农民将承包地向专业大户、合作社等流转。截至 2017 年西安四县域共流转土地 78 万亩，咸阳十一县共流转 138 万亩，渭南十县共流转 158 万亩，宝鸡八县共流转土地 92 万亩。通过土地流转、承包与合作、农民以土地入股的方式将土地集中到经营主体手中。以渭南市县域为例，乡村承包土地流转 158 万亩，转入各类新型农业经营主体占比为 83%。富平县富秦星农机合作社土地流转 5170 亩，成为全国农机社会化服务示范点。

d. 建设美丽乡村

以新型农村社区为抓手，积极推进迁村并点，促进土地节约、资源共享[250]。美丽乡村建设分为三种模式。第一类是"城镇开发建设带动"模式[251]，把关中县域经济发展、小城镇开发建设、新型农村社区（中心村）建设相结合，把新型农村社区建设作为推进城乡统筹发展的切入点、促进乡村发展的增长点，构建合理的城镇体系、产业格局、空间布局。第二类是"产城联动"模式，通过发展地区工业产业及乡村工业，扶持民办企业经营，以产业促进人口聚集，实现土地向农业企业家、农民专业合作社等大户集中，加速农业产业化发展。第三类是"中心村建设"模式。基于现状规模较大，建设基础较好的中心村，加强基础设施和公共服务设施建设，引导周边乡村人口向中心村集聚，整合土地资源，打造设施齐全、功能完备的宜居乡村。

④ 推进路径

以县城为核心的产业圈层不变，随着农业现代化、机械设施、土地流转等因素影响，外围农业产业空间扩大，呈园区化发展。农业产业空间在县域内小范围内集聚，衍生出与农业相关的二产三产。将小规模乡村进行合并，就业人口规模与农业产业园区相匹配。在县域范围内以县域中心城市为核心，以农业产业园区点为中心，点状圈层网络式发展。在空间规模上县城与农业示范点、农村社区规模相对较大（图5-9）。

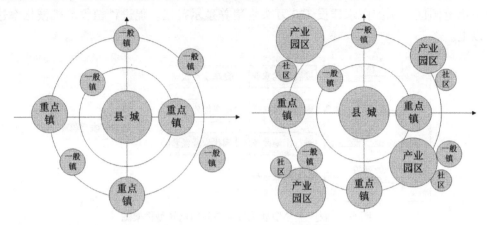

（a）转型前城乡空间结构模式图　　　　　（b）转型后城乡空间结构模式图

图 5-9　农业主导型县域城乡空间结构演化示意图

图片来源：作者自绘

2）工业主导型的转型

① 工业主导型县域特征

目前关中县域主导产业发展成为转型发展的关键。主导产业是县域经济中产业结构战略转型的方向和未来，县域经济要完成工业化转型的任务[252]。以工业为主导的支柱产业包括涉农类相关工业、一般性的工业、煤化工工业三类，涉及西安市户县；宝鸡市岐山县、眉县、太白县；咸阳市彬县、长武县、泾阳县、永寿县；渭南市富平县、蒲城县、潼关县、华县，共计12县。煤化工工业主导型包括彬县、蒲城县；涉农类工业主导型包括太白县、泾阳县；一般性工业类包括岐山县、眉县、长武县、永寿县、富平县、潼关县、华县。

② 现状城乡空间结构

a. 煤化工主导型

由于煤化工产业用地规模较大，在县域空间结构中煤化工产业园区与关中县域中心城市的土地规模相当，产业园区位于其外围，所属镇为重点镇。园区周边的乡村已完成人口向园区聚集与整合。

b. 涉农类工业主导型

关中涉农类工业主导型的产业散布于各乡村的主要干道两侧，为形成园区化的产业联动发展。空间结构以县域中心城市为核心，涉农类加工产业规模较大并具备特色与品牌，所在乡镇为重点镇，乡村规模受涉农类产业分布影响。

c. 一般性工业主导型

关中一般性工业主要涉及机械加工、新型建材、医药化工、纺织服装、黄金加工等产业。县域空间结构以县域中心城市、产业园区为双核发展，产业园区规模小于县城规模。产业园区所在乡镇为重点镇，由于产业类型具有吸附大量劳动力的能力，有效引导人口就地城镇化。乡村规模相对较大，乡村空置率较低。

③ 转型方式（图5-10）

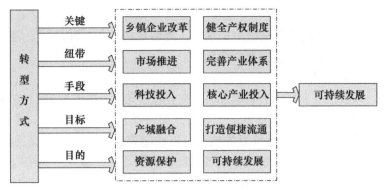

图 5-10　工业主导型县域城乡空间结构转型框架图

图片来源：作者自绘

由于关中乡镇企业低起点、小规模、高污染、技术落后，随着国家经济发展的产能过剩，导致关中乡镇企业发展步入低谷。通过乡镇企业改革，推进乡镇企业的产业结构重组，结合市场进行工业产品细分，扩大优势产业比例，强化工业产业的类型，做好承接中国东部地区产业转移的准备。通过市场推进、科技投入、资源保护的综合模式，提升产业核心竞争力，加强产业与县域中心城市的融合发展，与中心城市建立便捷的交通、信息、资源流通。工业企业总部设在县城，形成良好产城融合格局。吸取"先污染后治理"教训，在环境容量下通过产业带动城乡发展。

④ 推进路径（图 5-11）

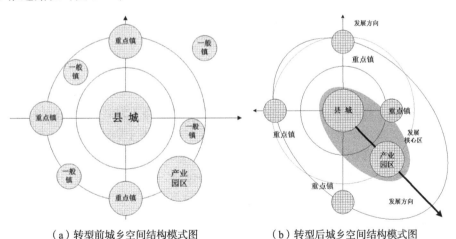

（a）转型前城乡空间结构模式图　　　（b）转型后城乡空间结构模式图

图 5-11　工业主导型县域城乡空间结构演化示意图

图片来源：作者自绘

县域原有城乡空间结构会随着工业产业深化而被打破，县域城镇体系重组。工业空间逐步集聚，县域空间结构由原有单核心放射式增至双核或多核，以工业为核心形成的新兴产业圈层。随着产业圈层中产业规模扩大，以县域中心城市为核心，圈层中第二产业逐步外移，强化县城公共服务功能，两核之间依靠交通联系。

3）商贸旅游主导型的转型

① 商贸旅游主导型特征

关中各县域基本依托现有资源（主要以自然文化资源为主），发挥旅游整合联动作用[253]。旅游商贸发展增速低于全国平均水平，发展规模较小。涉及西安周至县，宝鸡扶风县、凤县，咸阳礼泉县、乾县，渭南合阳县。

②现状城乡空间结构

在本区域，凤县经济发展综合排名第4，乾县位于第8，扶风位于11位，周至16位，合阳位于30位。县域经济发展分为三个等级。第一类经济发展较好，城乡空间结构是以县域中心城市为旅游服务、商贸服务核心，以旅游资源点为中心，交通网络建构旅游线，形成综合全域商贸旅游空间结构。第二类经济发展适中，城乡空间结构是以县域中心城市为旅游与商贸服务核心，以开发度较高旅游资源、产业园区所在镇为中心，重要交通轴与全域内1～2条旅游线路构成发展轴。第三类经济发展较差，城乡空间结构是以县域中心城市为核心作为商贸中心，未能承担起旅游服务功能，以旅游资源点及重点乡镇为中心。核心、中心、资源点、居民点之间缺乏有效联系，全县域未建构起系统空间结构。

③转型方式（图5-12）

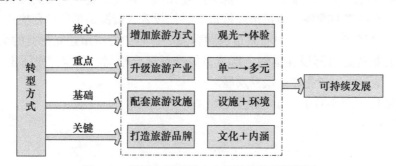

图5-12 旅游主导型城乡空间结构转型框架图

图片来源：作者自绘

第三产业作为综合性产业，要拓展现代服务业体系。除了发展旅游、商贸业外，着重发展现代物流业、技术服务业、休闲服务业。立足产业基础与资源禀赋，培育一批具备特色、富有活力、多元文化与功能性相融合的旅游特色小镇，如渭北葡萄酒小镇、华山温泉小镇、富平陶艺小镇、蒲城航空小镇、潼关黄金小镇等。以旅游小镇带动城乡建设及各产业发展，逐步形成"全域旅游、景城互动、产业融合、全面发展"的发展格局。加快旅游产业升级，拓展多种体验方式，如休闲度假旅游、特种旅游、康体旅游、商务旅游等。坚持"一业带动，多业融合，板块突破，全域推进"。依托西安及地域中心城市，做好旅游定位与设施投入，满足休闲旅游的发展趋势。引入多元的经营与管理合作者，运用信息化与科技化等手段，融入新兴的旅游体验的参与方式。创新招商引资渠道，实施政府主导性发展战略。加快旅游设施基础建设，提高旅游接待能力。

④推进路径（图5-13）

基于带状资源点形成具有县域旅游特色的旅游产业带。构建城乡空间一核一带多点的空间发展的整体格局。一核是县域中心城市，一带是多个旅游资源点构成的旅游线，通过交通联系。多点是指村镇的居民点及旅游资源点。实现以旅游产业为龙头、带动区域产业整体转型升级。

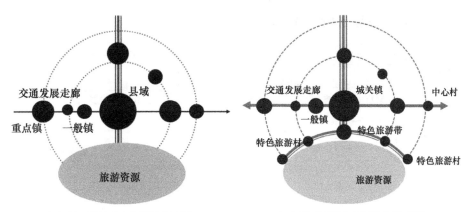

（a）转型前城乡空间结构模式图　　　　　（b）转型后城乡空间结构模式图

图 5-13 旅游主导型县域城乡空间结构演进示意图

图片来源：作者自绘

5.3.3　以调整关中县域城乡人口规模为抓手

（1）城乡人口迁移特征

1）人口地区分布发生变化，关中地区相对稠密

受历史发展、地质地貌、经济发展、资源环境等多方面影响，从关中、陕南、陕北三大区域看，常住人口关中占63%，陕南占22%，陕北占15%。从2000～2010年十年之间，关中地区人口上升0.94%[254]，人口相对陕北、陕南来说稠密，但主要集中在关中五个中心城市和20个县级中心城区。

2）陕西省属于人口流失省，人口主要向沿海发达地区流动

2015年陕西省流动人口590万人，约占全省常住人口16%。与2000年相比，流动人口增加1.5倍，占常住人口比重上升9个百分点[255]。城镇化推进人口流动，但整体上处于流出状态。省间人口流量显示，流出到外省人口为161万人，外省流入陕西的人口为97万人，净流出省外人口为64万人[256]。省际人口流向主要向沿海地区，外流人口中陕南占近一半，其中汉中占24%，安康占19%，关中的咸阳占12%，渭南占11%，宝鸡占9%[257]。关中人口外流速度与数量低于陕西省平均水平。通过现场调研、入户调查、发放问卷发现，以富平县为例，乡村人口外出打工主要集中在富平县城或西安市区等地就近打工，这部分外出人口数量占总外出打工人口数量的78%。外省打工占总打工数量22%，多集中在上海、广州、深圳等地（图5-14）。

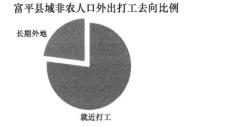

富平县域非农人口外出打工去向比例　　　富平县域非农人口务农与外出打工比例

图 5-14　富平县域乡村人口外出打工情况饼状图

图片来源：作者自绘

（2）城乡人口迁移动力（图5-15）

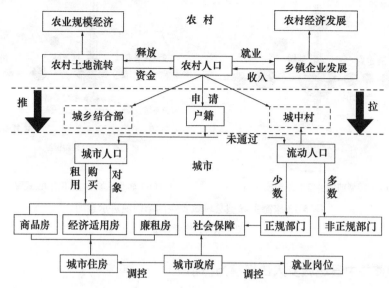

图 5-15　城乡人口流动的主要动力机制关系图

图片来源：李培. 中国城乡人口迁移的时空特征及其影响因素，2009，（01）：50-57

1）政策改革与落实

随着国家新型城镇化与城乡统筹发展战略的实施，城乡户籍制度改革、土地制度改革、社会保障制改革逐步推行[258]。《2014年中央工作会议》提出新型城镇化重点解决好"三个一亿人"的问题。2015年国家出台关于《推动1亿非户籍人口在城市落户方案》（2016—2020年）、《中共中央国务院关于全面深化改革加快推进农业现代化的若干意见》。陕西省出台《关于鼓励乡村土地流转有关政策》、《关于进一步推进户籍制度改革的意见》等。随着相关政策逐步落实，从政策角度减少人口流动阻力，降低人口流向中心城市门槛，有效推动人口由乡村向城市流动，农业人口向非农人口转移。

2）城镇化进程的深化

关中县域平均城镇化率为48%，即将步入城镇化率过半的阶段，步入城市发展时期，意味着未来近二十多年城镇化发展依然处于快速发展阶段。推动非农人口转化的有效手段与动力是城镇化深化。但县域发展差距较大，部分县域城镇化率不足30%，因此继续深化城镇化发展，应注重城镇发展速度与质量并进。

3）大城市、县域中心城市的吸引

随着大城市西安、咸阳、宝鸡、渭南等关中城镇群的发展，关中整体实力提升，大城市提供就业岗位的数量与就业工资水平的提升对乡村人口吸引起到关键作用。促进关中县域中心城市功能逐步复合化，发展现代服务业及提升人居环境品质，对人口流动起到重要的吸引作用（图5-16）。

4）产业园区的经济发展推进

农业、工业等产业园区建设，对关中县域内经济发展有着明显的推动，提供大量就业岗位与高标准工资收入，对人口流动起到重要推动，为关中县域人口就地城镇化提供保障，使得乡村离土不离乡成为可能。

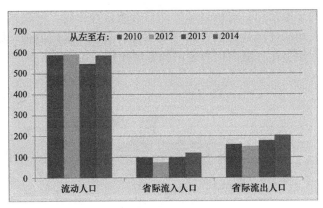

图 5-16　陕西省流动人口变化情况趋势图

图片来源：陕西省统计年鉴，2017

（3）城乡人口引导方式

1）有效疏散人口向大城市流动。陕西省属于人口流出省，主要向沿海流动，包括上海、北京、广州、深圳等。省际内部主要向西安、咸阳、宝鸡、渭南、铜川五市流入，但大量人口涌入大城市，造成城市人口密度高、交通拥挤、房价过高等城市问题，造成关中县域人口外流，青壮劳动力缺失，人口红利处于劣势，老龄化程度增高。

2）有序引导人口向县域中心城市流动。关中县域中心城市是支撑关中地区大城市到乡村的中间力量，有效疏导大城市病的重要地区。在县域范围内通过增强县域中心城市的服务功能、挖掘特色资源、强化文化气质等，吸引乡村人口向县域中心城市流动。

3）促进人口向非农转化，向产业园区流动。随着农业产业现代化的发展，工业产业发展壮大，引导产业向园区聚集，促进产业的规模发展与集聚效应，对吸引县域内乡村人口有着积极促进作用。促进关中县域人口向非农转化，向产业园区流动。

5.3.4　以关中县域城乡建设用地演变为脉络

通过对"城市建设用地总量控制、盘活存量；乡村建设用地降低总量、调出存量"方式对城乡建设用地演变进行调控。同时城乡非建设用地作为发展的腹地，作为城乡建设用地基底，需要强化非建设用地保护，遵循生态功能分区，坚守禁止建设区的刚性底线。

（1）城市建设用地——管住总量、严控增量、盘活存量

1）扩大县域中心城市规模，控制城市开发边界

关中县域镇村体系中县域中心城市存在空间一支独大的问题，土地规模与人口规模相对较大，城乡空间结构呈现单核放射式。与沿海发达地区相比，县域中心城市建成区规模相对较小。以富平县为例县域总面积 1240km²，总人口 81 万。县域中心城市建成区 23km²，辐射作用不能覆盖到全县域。有限的城市建成区造成城市功能不够完善，辐射作用有限。因此扩大县域中心城市规模，拓展城市建成区规模，需控制好城市开发边界，防止无序蔓延。

2）控制城乡建设用地总量，降低人均建设用地指标（图 5-17）

参考各县在关中城镇群中定位，结合县城城市总体规划中发展规模预测，控制城乡建设用地总量，不能一味追求建成区规模的拓展。需要将发展导向、规模与用地指标进行关

联，确定不同用途的土地指标，进行合理分配与县域合理布局。解决人均建设用地超标的普遍问题，尤其是人均居住用地超标。同时增加公共服务、基础设施、城市绿地的土地标准，修补城市功能，加强在县域内中心城市的发展作用。

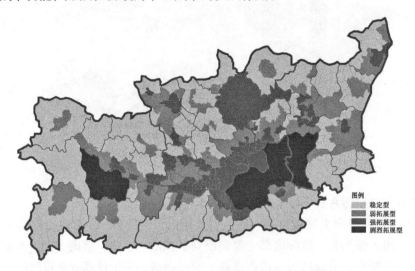

图 5-17   关中县域城乡建设用地拓展类型分布图
图片来源：（1）数据来源：各县统计局（2017）；（2）作者自绘

3）重点发展小城镇，控制好城乡建设用地新增规模分配

由于县域范围内中心城市带动作用有限，城乡发展不均衡。在县域内培育县域副中心，依托产业发展重点镇、依靠资源发展特色镇。明确发展导向下，基于城乡建设用地总量控制的基础上，对新增建设用地进行合理分配。根据不同等级与特色的重点镇、特色镇进行不同分配，从空间上健全县域城镇与镇村体系，增强城乡之间关联作用。

4）进行现状绿化系统化梳理，对城市功能进行修复

关中县域普遍存在生态绿地数量少，人均绿地面积低于全国平均标准。在新型城镇化要求下，将生态优化当作资源和环保有效措施，把生态转型转为激励机制、协调机制[259]。对现状绿化进行系统化梳理，保留现状生态绿地斑块。关中县域中心城市内部土地利用率低，闲置废弃用地，应将部分土地利用率低或废弃地置换为生态绿地。行政事业单位占地面积过大，但建筑高度低密度大，出现停车难、公共环境差等问题，应将部分行政事业单位外迁统一建设高层服务中心，原有用地置换为绿地广场。达到"增节点、舒密度"作用，形成楔形渗透，外围联系的生态绿地格局。

（2）乡村建设用地——降低总量、调出存量

关中各县域总体乡村建设用地规模大，但以行政村或者乡村聚落为单位，建设用地过小。因此在明确人口规模调整的前提下，通过乡村人口缩减的科学预测，确定乡村建设用地规模，加快乡村迁并与用地的整合。整合方式需要结合各县乡村实际情况，整合空置居住用地与闲置地，对乡村内部空置宅院数量多、空心化现象严重的村组进行复垦，对人口与用地较大村组引导集中居住或通过复垦、置换等方式有序引导乡村集中居住。针对现状用地闲置地配置基础设施与公共服务设施，最终发展成规模化的农村社区。同时调出的用地指标用于城镇发展，为城镇提供更多的发展空间。

（3）城乡非建设用地——坚守底线、进行分区

明确关中县域内刚性底线的具体内容，确定城乡建设不可逾越的边界范围，起到保护生态的作用。控制县域中心城区、建制镇镇区的增长边界。依托交通设施、基础设施、历史遗址等打造带状生态廊道，在各县域重大基础设施（330kV 高压廊道、引黄灌溉渠、灌溉渠）设置 100 ~ 200m 防护绿地形成基础设施廊道。在关中各县域地区交通设施高速路（G5、G30、G70、G85、G59）与国道（G45、G310、G108、G312、G210、G211、G311）两侧分别设置 100m 和 50m 防护绿地。根据历史文化遗址级别设置不等的绿地保护范围，结合历史遗址格局设置生态轴线控制，最终建构县域内交通设施、基础设施、历史文化遗迹的带状绿地体系，串联点状的绿地斑块，形成绿色生态廊道。

综合考虑关中地区自然生态条件及地区经济发展潜力，针对不同生态区划特点，进行生态区划，包括水源涵养保护区、综合防灾减灾控制区、自然生态保护区、带状廊道生态保护区、县域城乡生产协调区、城镇建设区、乡村建设区。目的是保证生态系统的安全稳定，促进地区快速实现城乡发展。考虑地形地貌等自然要素，从人口密度、开发密度、经济水平等社会经济要素出发对地区生态基础进行评估，综合诊断区域生态安全格局，分类、分级、分区划分生态功能区，根据不同生态功能区的特征、功能、形态进行城乡格局管控[260]（图 5-18）。

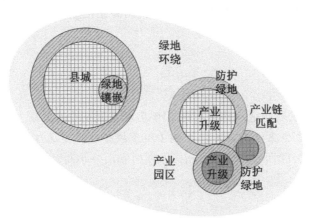

图 5-18　关中县域城乡空间的生态保护模式图
图片来源：作者自绘

5.4　本章小结

本章在理论模式探讨与经验模式借鉴的基础上，基于对关中县域自然本底特征、经济发展现状、县域空间尺度等客观认知上，探寻关中县域城乡空间结构转型的适宜性路径选择，明确适合关中县域城乡空间结构转型的目标体系，建构关中城乡空间结构转型的创新转型模式，寻找关中城乡空间结构转型的适宜性转型机制。

第6章 关中富平、蒲城、潼关县域城乡空间 结构转型发展的实证研究

选取三个关中典型县域，探讨各县域城镇体系重组、城乡产业体系转型、人口规模等级转型、城乡建设用地演变以及城乡空间结构转型特征与机制，客观认知关中县域的城乡空间结构发展本质特点。

6.1 富平县域城乡空间结构转型发展的实证分析

富平县地处关中平原和陕北高原过渡地带，县域总面积 1240km²，总人口 81 万，是陕西人口第一大县。县域主导产业为农业，是全国商品粮生产基地、全国"奶山羊之乡"、"中国柿乡"、"琼锅糖之乡"。

6.1.1 城乡自然特征概况

（1）区位格局

地理条件优越，交通四通八达，国道 210 及省道 106 横纵交错，西部主要高速干线西（安）禹（门口）高速公路以及咸（阳）铜（川）铁路在城市通过并留有出口及站场[261]。距渭南市区仅 40 km，距西安市区 60 km，处在西安市一小时经济圈内（图 6-1）。

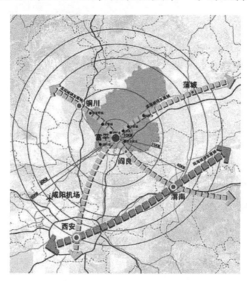

图 6-1 富平县区位格局图

图片来源：作者自绘

（2）地貌格局

县域总面积 1240km²，是渭河盆地中段北缘，处于陕北黄土高原的过渡地带。北山是俗称关中"北山"的乔山山脉分支，石川河在县域西部自西而东穿越划分出三种类型地貌。黄土台塬总面积 310km²，占县域总面积 25%，地势呈明显阶梯状。中部平原总面积 744km²，是渭河以北冲积平原区，占县域总面积 60%。河谷阶地为黄土覆盖阶地，总面积 186km²，占县域 15%，河谷宽度在 0.3～2km 之间（图 6-2）。

（3）水域资源

境内河流有石川河、赵氏河、温泉河及顺阳河等。石川河发源于铜川市焦坪北山漆水[262]，内流长 33km，流域面积为 132km²。温泉河以水微温得名，境内流长 25km，流域面积 601km²。赵氏河源出淳化县杨家山，境内流程 17km。顺阳河古称频水，以其河水流向与太阳运行相同而得名，全长 33.5km，流域面积 160km²（图 6-3）。

图 6-2　富平县地貌格局图

图片来源：作者自绘

图 6-3　富平县水资源分布图

图片来源：作者自绘

6.1.2　城乡关系转型发展

（1）城乡发展现状

1）经济发展概况

截至 2017 年经济总产值 81 亿元，位于关中县域经济发展的第 20 位，略高于关中县域平均水平，属经济发展一般的地区。现状三次产业比例 43：37：19，农业以种植业、畜牧养殖业为主，工业以冶金和装备制造、煤化工、建材为主，第三产业以传统商贸为主。

2）城镇体系现状（图 6-4）

五级城镇体系即县域中心城市—重点镇——一般镇—中心村—基层村。县域中心城市是政治经济文化中心，重点镇为庄里镇、薛镇。一般镇是梅家坪镇、淡村镇、齐村镇、宫里镇、曹村镇、流曲镇、到贤镇、刘集镇、张桥镇、留古镇、薛镇、老庙镇。中心村 28 个，基层村 337 个。

图 6-4 富平县城镇体系与城镇职能现状分布图

图片来源：根据《富平城市总体规划（2015-2030）》改绘

3）城镇职能现状

县域中心城市是政治经济文化中心，城镇职能为综合服务型。庄里镇主导产业为粮食种植、食品加工、物流、旅游及相关配套产业，城镇职能为商贸与农贸复合型。薛镇发展农副产品加工及传统手工艺品加工业等产业，城镇职能为农贸型。12 个一般镇中 7 个为农业型城镇、3 个为工业型城镇、2 个为农贸型。

4）城乡产业体系现状

① 农业

耕地总面积 799km^2，优质小麦 25 万亩，占县域总面积 64.4%。设施蔬菜 7 万亩，建成富平旖旎果蔬示范园、渭北高新农业科技示范园和王撩兴户、小惠牙道、留古惠刘等果蔬菜生产基地，是西安、陕北、宁夏、山西等地重要蔬菜供应基地。畜牧养殖 10 万亩，奶山羊存栏 18 万只、牛存栏 4 万头、生猪 12 万头、家禽 220 万只，占农业总产值 24%。形成粮、果、菜、奶四大支柱产业。

② 工业（图 6-5）

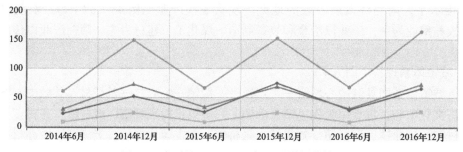

图 6-5 富平县 2014-2016 年工业增长趋势图

图片来源：富平县统计年鉴（2017）

截至 2016 年工业总产值 73 亿元，以冶金和装备制造、煤化工、建材为工业支柱产业。全县规模以上工业累计完成工业总产值 61 亿元。省属企业、县属企业增速较快，省属企业完成产值 29 亿元，县属企业完成产值 21 亿元。县域总工业用地 990ha，占县域总面积 0.08%。庄里工业园区占地 360ha，石刻工艺园、花炮产业集中区占地面积 480ha。

③ 商贸旅游业

旅游资源丰富，历史文保单位众多，国家级文物保护单位 7 处，省级 10 处，全国文物大县之一。国家 4A 级旅游景区两处，即国际陶艺博物馆群、陶艺村，3A 级旅游景区温泉河湿地公园，2A 级景区石坊苑景区。2016 年接待游客达 405 万人次，实现旅游综合收入 31 亿元。

（2）现状问题剖析

1）城镇体系基本形成，但发展不均匀

县域中心城市地位突出，却无法支撑渭南市域西部发展需求。受地理区位布局影响，中心城市分布偏南造成县域带动作用不均匀。围绕富平中心城区东北西三个方向的庄里、美原、流曲、薛镇、留古、张桥六镇，县域空间结构松散。建制镇中唯有庄里镇发展较好，县域北部薛镇作为北部副中心，发展规模与地理区位都不具备辐射能力。城镇体系结构呈正三角形，重点镇数量过少，带动 12 个一般镇发展的作用力一般。

2）城镇间联系方便，但缺乏职能分工与合作

地处关中平原腹地，县域中心城市位于县域南部，全县域交通网络体系健全。各镇之间交通联系方便，但产业结构设置雷同，缺乏统一职能定位与分工，产业发展无法联动，造成整体县域发展缺乏市场竞争力。

3）产业发展中农业贡献率不高，工业特色不鲜明，商贸旅游业发展滞后

农业产业对经济发展贡献率不高，造成县域中心城市发展水平一般。农业产业结构不合理，支柱产业为传统种植业与养殖业，不利于土地合理利用和劳动力专长的发挥。现状传统种植业占总种植业的 35%，造成农业效益不高。小农家庭所占比重大，收割机械化率仅为 40%。在农业种植中对化学药品使用过量，造成 15% 耕地土壤板结和地力衰退。

县域工业支柱产业为冶金和装备制造、煤化工、建材等，实现总产值 48 亿元。与周边县市存在产业雷同与恶性竞争，镇办企业占比 60%，多数企业规模小，缺乏龙头企业和知名品牌。未依托农业资源发展特色加工产业，工业用地总量大，发展速率不均衡，产业特色不明显。

农业在 GDP 中占比重大，产业单一造成对地方发展贡献率低，经济基础薄弱。导致县域中心城市及各建制镇的商业设施、基础设施建设水平较低，公共服务设施配置不高。服务业、旅游业发展水平相对滞后，行业结构不合理，劳动密集型行业多，技术密集型行业相对落后。

（3）转型机制

1）以交通网络搭建基础，建立与西安、渭南的产业协调区，建立"阎富庄铜"产业发展走廊

建构县域高速公路、国道、省道和铁路的"五横五纵"交通网络格局，打造产业发展走廊。整合西安—咸阳大都市圈资源，调整产业分工并形成产业布局合理的优势地区，使大西安都市圈成为带动陕西及周边区域区发展的核心增长极。强化富平在特色农业产品种

植、食品加工等方面优势，突出在大西安产业体系中的作用。

"阎富庄铜"是关中平原北部的阎（良区）、富（平县中心城区）、庄（里工业园区）和铜（川新区）地区，行政级别不同但四地地理接近，通过高速公路、国道和省道连接，建设现代产业发展走廊，实现富平县域新兴现代食品加工、生态农业示范基地的定位，将富平打造成"西咸"都市圈的北部新城。

加强各镇与中心城市的区域联系，提升省道在县域内道路等级与路幅宽度。增加县道与乡道路网密度，实现村道全部硬化。通过交通建构引导城镇发展，实现县域城镇体系的良性发展。

2）促进区域城镇职能重组，强化主导产业并培育新兴联动产业

通过建设交通网络，搭建产业联动发展平台，以"中心辐射、重点带动"城镇发展模式，强化富平县域中心城市的综合服务职能，提升城市辐射带动作用。综合分析产业相关性、空间联动趋势，对富平县域内城镇进行关系重组，明确县域产业发展的重点，提高城镇发展效率。调整三次产业比例为 49：28：23，弱化冶金和装备制造、煤化工、建材等产业，强化农业相关加工业，拓展现代农业体系，包括农业种植、畜牧养殖、设施农业、农业技术培育与研究及农业相关工业。降低粮食种植比例，转为种植附加值高的经济作物。控制现状工业产业类型，降低与周边县市类似的高污染工业，着重发展与农业相关工业，包括食品加工、食品包装、农业工业等。第三产业在延续传统商贸的基础上，发展现代物流、商贸物流，利用农业资源发展农业观光、农事体验、采摘体验等，促进全域三次产业融合发展。

3）实现基础设施、文化设施、公共服务设施均等化，促进乡村综合发展

在优化旅游产业结构，实现旅游产业转型升级的前提下，由单一观光转向体验、休闲、娱乐、服务的综合功能。完善乡村基础设施建设，包括道路硬化、污水排水、垃圾生态化处理、农业产业机械的普及。借助乡村优势资源，拓展新兴服务业发展，加快乡村文化站、公共文化中心的建设，改造乡村传统商贸服务业，推进便利服务进社区，实现多重设施的城乡均等化。

（4）城乡关系转型

1）城镇体系重组与城镇职能调整

城镇体系由县域中心城市—重点镇——般镇—中心村—基层村五级城镇体系，转为县域中心城市—县域副中心—重点镇——般镇—社区—中心村六级城镇体系。县域中心城市是县域的政治经济文化中心，城镇职能为综合服务型。县域副中心为庄里镇，作为渭北平原唯一的镇级市，通过区域城镇职能重组，提升庄里镇产业集聚、人口集中、功能集成、要素集约，承载富平县域发展的次中心，城镇职能为商贸型。刘集镇作为现代农业、畜牧业发展的示范区，对农业产业发展起示范与带动作用，通过农业产业重点培育成为重点镇，城镇职能为现代农贸型。另一个重点镇为薛镇，保持现状职能并继续拓展小城镇的作用，缓解城乡发展不平衡，城镇职能为商贸型。

一般建制镇共 11 个，强化农贸型城镇职能，数量拓展至 6 个。弱化工矿型城镇，数量减少至 1 个。农业型城镇为 4 个。随着乡村发展与建设中心村数量增加至 28 个，行政村由 337 个合并至 198 个，复垦 32 个，复垦乡村建设用地 13.2km²。

2）产业结构优化与产业格局转型

① 产业结构优化

a. 强化农业产业的主导作用（图 6-6）

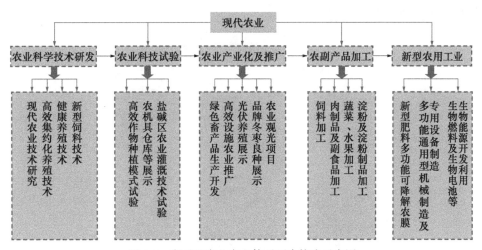

图 6-6　富平县农业产业体系要素构成示意图

图片来源：根据《富平城市总体规划（2015-2030）》改绘

产业转型延续县域农业主导产业的地位，调整三次产业比例为 49：28：23。拓展现代农业体系，包括农业种植、畜牧养殖、设施农业、农业技术培育与研究及农业相关工业，融入农业观光、采摘体验等。降低粮食种植比例，转为种植附加值高的经济作物。通过优化农业产业布局，重点发展畜、果、菜三大优势产业，把富平打造成国家级现代农业示范区。

加速土地流转。全县域流转土地 20 万亩，建成农业园区 15 个、家庭农场 100 个、专业大户 15000 多个。加大农业的规模化、品牌化、产业化力度，发展专业市场与农民专业合作社。促使农民由生产者转变成经营者，在加工、流通环节中分享到第二、第三产业增值带来的效益。

完善农业服务管理体系。强化农业专业市场、农用物资等建设，实施测土配方施肥、秸秆综合利用、新增粮食生产能力、粮食高产创建、奶源质量安全体系、农机管理系统公共服务能力建设和农业气象保障体系建设等项目[263]。

b. 弱化冶金加工工业，强化以农业为基础的相关加工工业

控制现状工业产业类型，降低与周边县市类似的高污染工业，弱化冶金和装备制造、煤化工、建材等产业。着重发展与农业相关工业，包括食品加工、食品包装、农业工业等。促进工业结构优化升级，抓好富平中心城区、庄里镇的建设，吸引技术、人才、产业向开发区集聚。着力打造农副产品加工、食品加工、果蔬包装、果业机械、冷链运输等产业。重点围绕粮食、果蔬、乳品等，做强柿饼、琼锅糖等传统产业，实现农副产品深度增值开发。建设好红星乳业奶山羊产业化、圣唐乳业奶山羊产品开发等项目，将富平羊乳做成国内知名品牌，扩大"陕富"面粉中国名牌效应。

c. 促进现代服务业发展

第三产业在延续传统商贸的基础上，协调传统服务业与现代服务业、生产型服务业与生活型服务业，促进全域三次产业融合发展。优化旅游产业结构，实现旅游产业转型升级。发展现代物流、商贸物流，利用农业资源发展农业观光、农事体验、休闲、娱乐、服

务综合功能。发展新型业态，促进金融、保险、担保、中介、资产评估、法律和工程咨询等新兴服务业发展。加快改造乡村传统商贸服务业，推进便利服务进社区。

②产业格局转型（图 6-7）

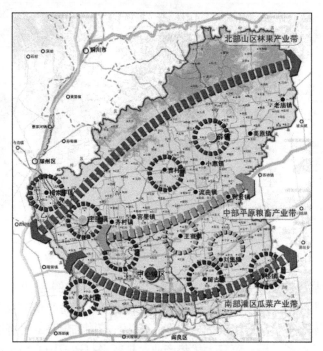

图 6-7　富平县农业产业发展格局示意图

图片来源：根据《富平城市总体规划（2015-2030）》改绘

a. 农业

构建北部山区林果、中部平原粮畜、南部灌区瓜菜三大产业带，培育以曹村、庄里为重点的柿子种植示范区，以梅家坪、薛镇为重点的苹果高新技术推广区，以刘集、王寮为重点的奶山羊核心养殖区，以淡村、南社为重点，辐射石川河流域的设施蔬菜集中发展区的重点产业区域[264]。

b. 工业

构建三轴四区工业发展格局。"三轴"即阎良—中心城市—齐村镇—庄里镇—梅家坪镇，承接沿海工业转移及食品加工、食品包装、果业机械等加工的工业带；中心城市—流曲镇—美原镇—老庙镇发展食品加工、饲料加工产业带；北部沿山百里工业带，发展食品粗加工、食品包装工业带。"四区"包括中心城区产业园区、庄里工业园区、薛镇特色产业园区、中部特色产业园区。

c. 旅游服务业

将富平县定位为面向西安都市圈的特色旅游休闲胜地、陕西青少年教育旅游专线目的地。构建"两轴三区"的发展格局。两轴即东部生态农业旅游轴，依托东部发达的种植业和果品业，发展采摘和设施农业观光。西部人文景观轴，发展有特色的人文资源旅游。"三区"即富平中心城区旅游服务区、庄里特色农业生产加工旅游区、美原农业种植观光休闲旅游区。

3）人口规模等级引导

① 现状人口等级规模（表 6-1）

县域总人口 75.24 万人，城镇人口 32.35 万人，总城镇化率 43%，户籍城镇化率 36%。现状人口规模等级是中心城区 18.42 万人，庄里镇 8.21 万人，美原镇 4.58 万人、梅家坪镇 2.76 万人、淡村镇 3.87 万人、齐村镇 3.04 万人、宫里镇 3.36 万人、曹村镇 4.18 万人、流曲镇 3.25 万人、到贤镇 3.93 万人、刘集镇 4.20 万人、张桥镇 2.89 万人、留古镇 2.85 万人、薛镇 5.28 万人、老庙镇 4.42 万人（表 6-2）。

富平县人口规模等级一览表（单位：万人）　　　　　表 6-1

等级	城镇名称
Ⅰ 级（人口规模 > 10 万）	中心城区
Ⅱ 级（10 万 > 人口规模 > 5 万）	庄里镇
Ⅲ 级（5 万 > 人口规模 > 4 万）	美原镇、刘集镇、薛镇、曹村镇、老庙镇
Ⅳ 级（4 万 > 人口规模 > 3 万）	淡村镇、齐村镇、宫里镇、流曲镇、到贤镇
Ⅴ 级（3 万 > 人口规模 > 2 万）	梅家坪镇、张桥镇

图表来源：富平县统计年鉴（2017）及富平县政府门户网站

富平县城乡人口现状一览表　　　　　表 6-2

城镇名称	总人口（万人）	城镇户籍人口（万人）	乡村户籍人口（万人）
县域中心城市	18.42	18.24	0.18
庄里镇	8.21	4.84	3.37
美原镇	4.58	0.46	4.12
薛镇	5.28	0.62	4.66
流曲镇	3.25	0.31	3.15
张桥镇	2.89	0.27	2.62
淡村镇	3.87	0.39	3.48
刘集镇	4.20	0.37	3.83
留古镇	2.85	0.30	2.55
齐村镇	3.04	0.45	2.62
到贤镇	3.93	0.42	3.67
曹村镇	4.18	0.51	3.51
宫里镇	3.36	0.38	2.98
老庙镇	4.42	0.39	4.03
梅家坪镇	2.76	0.68	2.08
总计	75.24	32.25	42.89

图表来源：富平县统计年鉴（2017）及富平县政府门户网站

② 现状人口分布特征

a. 整体城镇化率低，城镇化发展任务艰巨

县域城镇化率 43%，户籍城镇化率 36%，均低于关中平均水平，乡村人口数量较多。国务院公布《国家新型城镇化规划》中规定到 2020 年实现城镇化率为 60%，户籍城镇化率为 45% 的发展目标，富平县城镇化发展任务非常艰巨。

中心城市的人口规模 18.42 万人，占县域总人口 24.5%。由于中心城区受政策发展导向影响，造成与其他建制镇相比差距过大。各建制镇之间人口差距明显，庄里镇规模是张桥镇 2.8 倍。各建制镇人口构成中，乡村人口比重过大。

b. 受自然地形限制与产业发展影响，建制镇人口呈规律性分布（图 6-8）

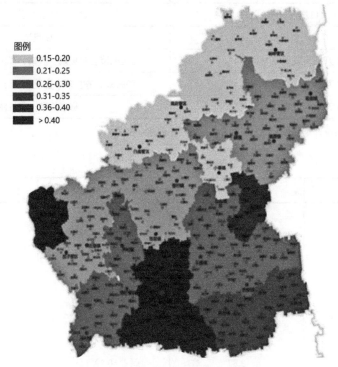

图 6-8　富平县人口密度现状分布图

图片来源：（1）数据来源：富平县统计年鉴（2017）及政府工作报告（2017）；（2）根据数据资料绘制

单位用地中人口分布最稠密的区域为中心城区与镇区，整体上北部山区人口稀疏，南部平原地区人口稠密。人口密度率北低南高，人口密度大于 0.4 地区为中心城区与梅家坪镇，是城镇化率较高，城镇人口较多的区域。除中心城区外，人口规模较大的建制镇经济发展较好，产业发展初具规模。

c. 乡村总人口规模太大，但分布过于分散均质，乡村人口外流现象严重

乡村总人口 42.89 万，占县域总人口 65% 以上。但平均每村人口规模 2400 人。53% 行政村人口集中在 1500 ～ 3000 人之间，29% 行政村人口集中在 500 ～ 1500 人之间，11% 行政村人口集中在 3000 ～ 4000 人之间，大于 4000 人的村庄仅占 4%。以粮食种植、经济作物种植和养殖业等传统农业为主，发展工业及各类加工业乡村极少。对乡村剩余劳动力缺少吸引，乡村发展内生动力不足，乡村人口外流较为严重。根据问卷调查 2016 年

富平县域乡村人口外流数量占总农业人口 40%，乡村平均空置率 35%。乡村缺乏特色营造及活力，设施配置整体较差，人居环境亟待改善。

③人口流动引导机制

a. 城镇人口引导机制

依托城镇体系重组，引导人口有序流动。除城关镇、淡村镇、宫里镇、齐村镇、留古镇、流曲镇外，其余城镇处于中心城市的二级辐射 20km 范围，但与中心城区联动性薄弱，应加强中心城区的辐射作用。在二级辐射范围内东、西、北三个方向培育三个发展条件较好的城镇，通过调整中心镇的产业导向，提升镇区公共服务设施、基础设施、文化设施的配套与建设，重组城镇体系关系，辐射周边城镇、中心村和基层村，推动县域共同发展（图 6-9）。

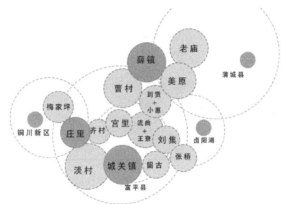

图 6-9　富平县各城镇发展关系示意图

图片来源：根据《富平城市总体规划（2015-2030）》改绘

b. 乡村人口引导机制

以建制镇为单位调整产业导向，依托产业体系调整，引导乡村人口有序流动。确定中心城市、庄里镇、梅家坪镇、留古镇发展商贸、物流产业。利用曹村镇、美原镇、宫里镇文化资源，发展农业种植、食品加工、农业生态旅游及相关服务产业，发挥富平旅游发展潜力。薛镇通过农副产品加工和手工艺品加工，作为旅游特产基地和纪念品加工基地。刘集镇、张桥镇发挥现状产业优势，积极建设大西安周边奶山羊养殖基地。流曲镇以特色食品加工为主，老庙镇取缔花炮、采石业后重点发展农副产品加工、农贸物流业。依托齐村镇、到贤镇现状农产品贸易及加工基础，推行现代农业发展。以产业发展促进乡村人口在县域内转移，完成就地城镇化的目标。

④人口发展预测（表 6-3）

富平县城乡人口发展预测一览表　　　　　　　　　　　　　　　　　　　　表 6-3

镇区	2020 年			2030 年		
	常住人口	城镇	乡村	常住人口	城镇	乡村
县域中心城市	22.87	21.12	1.75	32.41	30.43	0.56
庄里镇	8.10	6.11	1.99	8.95	8.11	0.84
美原镇	3.95	0.71	3.24	3.24	1.12	2.12

续表

镇区	2020 年			2030 年		
	常住人口	城镇	乡村	常住人口	城镇	乡村
薛镇	5.38	1.22	4.16	5.01	2.03	3.30
流曲镇	4.76	0.76	2.76	2.76	1.12	1.65
张桥镇	2.62	0.51	2.11	2.10	0.81	1.28
淡村镇	3.53	0.76	2.76	2.76	1.12	1.65
刘集镇	3.57	0.66	2.91	3.10	1.22	1.88
留古镇	2.72	0.66	2.05	2.10	0.76	1.33
齐村镇	2.38	0.36	2.03	1.90	0.71	1.19
到贤镇	3.53	0.66	2.86	2.76	1.01	1.75
曹村镇	3.72	0.71	3.00	3.43	1.01	2.41
宫里镇	2.95	0.51	2.45	2.52	0.76	1.60
老庙镇	3.91	0.71	3.19	3.05	1.01	2.03
梅家坪镇	2.62	1.12	1.50	2.67	1.52	1.15
总计	76.61	37.85	38.76	78.76	52.74	26.02

图表来源：作者自绘

a. 乡村人口缩减

通过对县域乡村人口出生率与外出务工调查，县域乡村人口平均增长率为 6‰，远期自然增长率下降为 4‰。近期平均外出务工率为 20%，随着产业的发展与镇域产业发展引领，外出务工率增长幅度趋于平稳，远期人口转化率为 15%。通过 $P_n = P_0 \times (1 - r_1) \times (1 + r_2)^n$ 计算，其中 P_n 为预测人口，P_0 为总户籍人口，r_1 为外出务工率，r_2 为自然增长率，n 为预测年限。到 2020 年县域人口平均缩减率 15%，到 2030 年县域人口平均缩减率 25%。

b. 县域人口预测

总体上人口呈现缓慢增加的趋势。2016 年县域总人口 75.24 万，到 2020 年总人口 76.61 万，到 2030 年总人口 78.76 万。乡村人口逐步减少，由 2016 年 63.91 万减少至 2020 年 38.76 万，2030 年 26.02 万，乡村人口缩减率为 58.5%。城镇人口大幅度增加到 2020 年 37.85 万，到 2030 年 52.74 万，分布在县域中心城市与各镇区。

6.1.3　城乡空间结构转型

（1）城乡空间绩效评估

1）评价指标构建

整合建设用地资源，保护区域生态持续安全格局[265]，协调城乡空间布局中"生活、生产、生态"合理关系，在此基础上追求空间效率。但目前空间绩效评价尚未脱离城市视角，在县域尺度上未有统一评判标准。因此笔者认为县域空间绩效研究，须以城乡一体化空间效率本质特征出发，考查区域城乡空间系统投入各种资源并获得各种产出的过程。其投入与产出效率关系成为区域城乡一体化空间绩效研究的主线。

投入系统以城乡一体化投入为一级指标，输出系统分为城乡生态一体化效率输出、城乡经济一体化效率输出、城乡社会一体化效率输出、城乡生活一体化效率输出 4 个二级指标，15 个三级指标（图 6-10）。

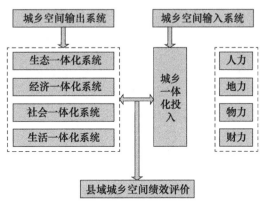

图 6-10　县域城乡空间绩效评价体系结构关系图

图片来源：张沛，张中华，孙海军. 中国城乡一体化的空间路径与规划模式
——西北地区实证解析与对策研究［M］. 科学出版社，2015

2）绩效评估方法

城乡空间绩效评估是对现状城乡空间的客观、科学的量化判断。主要采取理论分析法对目前城乡一体化空间绩效内涵描述进行综合分析，选取提炼具有重要特征的指标，使用频度统计法对相关城乡一体化评价及空间评价的相关书籍、论文进行统计。专家咨询法是在初步形成的城乡空间绩效评价指标基础上，征询相关专家意见，调整并完善指标，使其具备较高认可度。

3）绩效评估模型选择

DEA 模型由运筹学家 A.Charnes 和 W.W.Cooper 提出，数据包括分析评价时假设有 n 个对策单元，n 个对 DWU 具有可比性，每个 DWU 都有 m 种类型的输入和 s 种类型的输出，相对效率用输入与输出的比值来确定，输入越小输出越大则相对效率越高，以此来考查每个 DMU 的效率。第二种是 BBC 模型，是对 DEA 模型的发展，1984 年 BBC 模型由 Banker、Charnes 和 Cooper 三人在 Management Science 杂志上发表（Some Models for Estimating Technical and Scale Inefficiencies in Data Envelopment Analysis）（图 6-11）。第三种是 SBM 模型。CCR 和 BBC 是基于不变规模条件的效率模型，SBM 是基于可变规模的效率模型。投入和产出没有限制，对效率值不会产生影响。但 SBM 模型会出现多个决策单元同为 1 的情况，无法有效评价。为此提出 Super-SBM 模型，对 SBM 模型的有效单元可以继续进行降维处理[266]。传统 DEA 模型中涉及"非期望产出"因子，应予以减少才能实现最佳的经济效率。

SBM 初始模型为：

$$X\lambda + s^- = x_0 \qquad s.t.$$
$$Y\lambda - s^+ = y_0$$
$$\lambda \geqslant 0, \ s^- \geqslant 0, \ s^+ \geqslant 0$$

$$\text{Min}\,\rho = \frac{1 - \dfrac{1}{m}\sum_{i=1}^{m}\dfrac{s_i^-}{x_{io}}}{1 + \dfrac{1}{s}\sum_{r=1}^{m}\dfrac{s_r^+}{y_{ro}}}$$

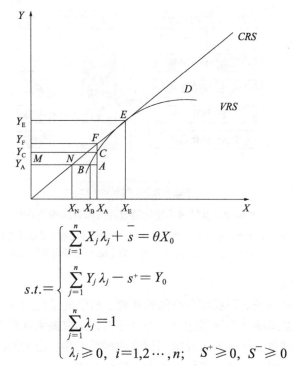

$$s.t. = \begin{cases} \sum_{i=1}^{n} X_j \lambda_j + \bar{s} = \theta X_0 \\ \sum_{j=1}^{n} Y_j \lambda_j - s^+ = Y_0 \\ \sum_{j=1}^{n} \lambda_j = 1 \\ \lambda_j \geqslant 0, \quad i = 1,2\cdots,n; \quad S^+ \geqslant 0, \ S^- \geqslant 0 \end{cases}$$

图 6-11　BBC 模型效率分析矩阵

图片来源：张忠明. 农户粮地经营规模效率研究［D］. 杭州：浙江大学 .2008

　　通过对经济、社会、生态的目标决策系统单元之间建立数学规划模式，有效反映各系统中资源空间配置情况，对城乡空间投入、城乡空间产出情况进行量化，计算出城乡空间绩效，揭示城乡空间在发展效率上的差异变化。

　　4）绩效评估框架

　　①绩效评估框架建构（图 6-12）

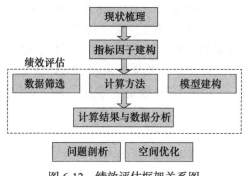

图 6-12　绩效评估框架关系图

图片来源：作者自绘

② 绩效评估因子选择

绩效评估因子选取应对城乡空间绩效发展具备一定的描述与度量特征，客观反映城乡空间状态，体现城乡发展内涵，包括城乡空间投入系统、城乡空间输出系统等指标。

a. 城乡空间投入系统（表 6-4）

选取财力、智力、保障力、联系力、地力、能源消耗力、人力、物力等类别指标，评价影响城乡空间运行的财政、教育、文化、科学、技术、医疗卫生、空间连通水平、农业生产条件、土地投入、生态环境保护、资源投入、人力资源、基础设施要素。

城乡空间效率投入系统指标表　　　　　　　　　　表 6-4

指标代码	指标含义	类别	评价目的
X1	地方财政一般预算内支出 / 万元	财力	空间运行财政投入
X2	财政教育投入 / 万元	智力	教育投入因素影响
X3	财政科学投入 / 万元	智力	科学技术投入影响
X4	公共图书馆藏书 / 千册（件）	智力	文化因素影响
X5	财政医疗卫生投入 / 万元	保障力	医疗卫生保障影响
X6	移动电话总量 / 万户	联系力	信息保障因素影响
X7	区域空间公路里程 /km	联系力	空间连通土地度影响
X8	常用耕地面积 /hm^2	地力	农业产业条件影响
X9	城镇建成区面积 /hm^2	地力	土地投入因素影响
X10	森林覆盖率 /kW	地力	生态保障因素影响
X11	全社会总用电量	能源消耗力	资源投入产出效益影响
X12	区域人口 / 万人	人力	人力资源投入影响
X13	全社会固定资产投入 / 万元	物力	基础设施与生产设施投入因素影响

图表来源：张沛 . 张中华等，中国城乡一体化的空间路径与规划模式 ［M］. 北京：科学出版社，2015

b. 城乡空间输出系统（表 6-5）

能综合反映城乡空间的经济、科技、教育、文化、卫生、通信、人口、资源与生态环境等特征，选取四项主要空间输出因子，即城乡经济空间效率产出因子、城乡社会空间效率产出因子、城乡生活空间效率产出因子、城乡生态空间效率产出因子。

城乡空间效率投入系统指标表　　　　　　　　　　表 6-5

输出系统	指标代码	指标含义
城乡经济空间效率产出	Y1	GDP 总量 / 亿元
	Y2	人均 GDP/ 元
	Y3	二产业比重 /%
	Y4	三产业比重 /%
城乡社会空间效率产出	Y5	第一产业从业人员占全社会就业人员比重 /%
	Y6	城市恩格尔系数 /%
	Y7	城镇化率 /%

续表

输出系统	指标代码	指标含义
城乡生活空间效率产出	Y8	城乡居民人均可支配收入比
	Y9	城乡客运总量 / 万人
	Y10	城乡货运总量 / 万人
城乡生态空间效率产出	Y11	每万元 GDP 耗电量 /kWh
	Y12	城镇人均绿地面积 /m²
	Y13	城镇生活污水处理率 /%
	Y14	区域空间生态环境质量指数（EQI）

图表来源：张沛 . 张中华等，中国城乡一体化的空间路径与规划模式［M］. 北京：科学出版社，2015

5）富平县域城乡空间绩效评估

根据《中国城市统计年鉴 2017》、《中国乡村统计年鉴 2017》、《中国县市社会经济统计年鉴 2017》、《陕西省统计年鉴 2017》、《富平县统计年鉴 2017》、《富平县总体规划2017》进行指标提取（表 6-6）。

富平县域城乡空间绩效指标计算表 表 6-6

指标	富平	指标	富平
X1	262388	Y1	112.37
X2	66573	Y2	15300
X3	441	Y3	22.57
X4	30	Y4	49.72
X5	33973	Y5	326
X6	445	Y6	46
X7	458	Y7	26168
X8	100000	Y8	549
X9	15	Y9	4567
X10	28	Y10	148
X11	46400	Y11	129
X12	73.2	Y12	7.69
X13	85790	Y13	86
—		Y14	58

图表来源：作者自绘

① BBC 模型测算（表 6-7）

空间绩效测算值 表 6-7

地区	综合效率	技术效率	规模效率	规模收益
富平县域	1	1	1	规模效率不变

图表来源：作者自绘

DEA 模式中如果投入产出指标过多或 DMU 单元相对指标数量较少，导致效率值均为1，需要对评价指标因子进行降维处理。

② 因子降维（表 6-8）

运用 SPSS 软件对因子进行处理，非期望值指标 Y3，Y8，Y10，Y12，Y13，其产值越大，对效率实际贡献越小，不符合 DEA 模式的评估目的。在运算时对非期望指标因子进行倒数计算，可较好反正空间绩效模式。

富平县域城乡空间降维后空间绩效指标表 表 6-8

指标	富平	指标	富平
X1	262388	Y1	112.37
X6	35	Y2	15300
X7	458	Y4	49.72
X8	100000	Y5	29.89
X10	28	Y6	46
X11	46400	Y7	26168
X12	73.2	Y9	4567
X13	85790	Y11	129
—	—	Y14	58

图表来源：作者自绘

③ 模型计算

降维后将指标代入 SBM 模型进行计算。

$$\text{Min}\,\rho = \frac{1 - \frac{1}{m}\sum_{i=1}^{m}\frac{s_i^-}{x_{io}}}{1 + \frac{1}{s}\sum_{r=1}^{m}\frac{s_r^+}{y_{ro}}}$$

其中综合技术效率由两部分组成：综合技术效率＝纯技术效率 × 规模效率[267]，得出计算结果（表 6-9）。

富平县城乡空间绩效测算值 表 6-9

地区	综合效率	技术效率	规模效率	规模收益
富平县域	0.568	0.634	0.396	规模效率递减

图表来源：作者自绘

④ 计算结果

综合效率反映现有因素及投入规模下对城乡空间效率的作用程度。根据计算结果，从研究区域城乡空间构成角度，空间发展综合效率分布构成 CRS ＞ 1 则城乡空间绩效高，0.8 ≤ CRS ＜ 1 则空间绩效中等，0.6 ≤ CRS ＜ 0.8 则城乡空间绩效低，CRS ＜ 0.6 则城乡空间几乎无绩效。富平县城乡空间绩效综合效率结果为 0.568。表明富平县城乡空间综合效率较低，现状城乡空间一体化水平一般。当前规划技术手段对城乡空间结构发挥作用积极，由于现状产业结构与经济发展的局限，应加强城乡空间发展中对投入资源的配置，规模集聚有待加强。

（2）城乡建设用地调整

1）现状城乡建设用地（表6-10）

县域城乡建设用地 138.2km²，城镇建设用地 38.3km²，占城乡建设用地的 27.7%。乡村建设用地 99.9km²，占城乡建设用地的 72.3%，包括 365 个行政村。工业建设用地共 8.4km²，包括以冶金和装备制造、煤化工、建材为主导产业的庄里工业园区，占地 3.6km²。石刻工艺园、花炮产业集中区占地面积 4.8km²。

富平县城乡建设用地现状统计表　　　　　　　　　　表6-10

镇　区	总面积（hm²）	城镇建设用地（hm²）	村庄建设用地（hm²）
县域中心城市	2330.08	2232	98.08
庄里镇	1231.81	610.50	621.31
美原镇	816.01	122.01	694.00
薛镇	1202.71	122.10	1080.61
流曲镇	1115.00	76.31	1038.69
张桥镇	599.05	50.88	548.17
淡村镇	793.43	76.31	717.12
刘集镇	822.04	66.14	755.90
留古镇	599.41	66.14	533.27
齐村镇	561.55	35.61	525.94
到贤镇	809.67	66.14	743.53
曹村镇	851.03	71.23	779.80
宫里镇	685.62	50.88	634.74
老庙镇	899.50	71.23	828.27
梅家坪镇	501.61	111.92	389.69
总计	13818.52	3829.4	9989.12

图表来源：根据富平县统计年鉴（2017）绘制

2）城乡建设用地发展预测（表6-11）

富平县城乡建设用地演变一览表（单位：hm²）　　　　　　表6-11

镇　区	2020 年		2030 年	
	城镇建设用地	村庄建设用地	城镇建设用地	村庄建设用地
县域中心城市	2970.00	113.15	3497.92	228.20
庄里镇	702.08	465.98	933.11	236.12
美原镇	81.91	757.48	128.30	597.83
薛镇	140.42	972.55	233.28	930.88
流曲镇	87.76	645.41	128.30	463.70
张桥镇	58.51	493.35	93.31	361.62

续表

镇　区	2020 年		2030 年	
	城镇建设用地	村庄建设用地	城镇建设用地	村庄建设用地
淡村镇	87.76	645.41	128.30	463.70
刘集镇	76.06	680.31	139.97	529.02
留古镇	76.06	479.95	87.48	375.91
齐村镇	40.95	473.35	81.65	336.54
到贤镇	76.06	669.18	116.64	572.75
曹村镇	81.91	701.82	116.64	680.05
宫里镇	58.51	571.27	87.48	496.62
老庙镇	81.91	746.34	116.64	572.75
梅家坪镇	128.71	350.72	174.96	322.59
总计	4748.61	8085.96	6063.98	7168.28

图表来源：作者自绘

① 城镇建设用地演变（图 6-13）

根据各镇在城镇体系的级别与职能定位，其城镇建设用地演变速度与增量不同。县域中心城市随着城市公共文化设施、公共服务设施、基础设施（污水处理厂、垃圾处理厂）建设与扩容，城镇建设用地增量最大。县域城镇建设用地空间重心由西北向东北方向移动，移动距离 33.69km。

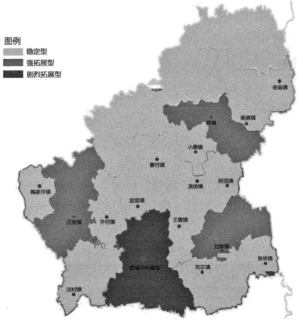

图 6-13　富平县域城乡建设用地拓展类型分布示意图

图片来源：作者自绘

② 乡村建设用地整合

通过行政管理手段与城镇化深化，引导富平县域乡村建设用地整合及人口缩减。鼓励土地流转政策的实施，对不同土地流转的产业施行不同政策与资金补贴，促进土地规模化生产。乡村部分建设用地整合，部分村民小组复垦，为农业规模化生产做准备。在积极发展区与引导发展区开展迁村并点与美丽乡村的建设，在限制发展区进行移民搬迁。对规模较小的村民小组进行整合与复垦，有效引导农民集中建房。通过人口缩减，乡村建设用地至 2020 年缩减 15%，至 2030 年缩减 25%。

以富平县美原镇吴村为例，村域内辖 6 个自然村，亭子口、索周、吴东、吴西、河曹、义合，总建设用地 53.82hm²。随着人口与用地缩减预测，到 2020 年建设用地减少至 49hm²，到 2025 年建设用地减少至 33hm²。到 2030 年吴村乡村人口缩减 36%，乡村建设用地大幅度缩小，将吴西组北部沿县道零散布区域、义西组西南部的建设用地进行复垦总面积为 30hm²，保留现状建设用地 28.9hm²。新增建设用地 7.16hm²，最终建设用地由 58.8hm² 缩减到 36.6hm²。县域行政村由 337 个合并至 198 个，复垦 32 个，复垦乡村建设用地 13.2km²（图 6-14、图 6-15）。

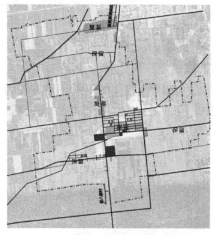
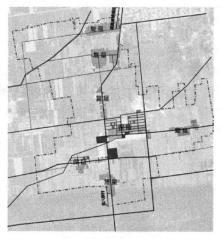

图 6-14　2020 年富平县美原镇吴村建设　　图 6-15　2030 年富平县美原镇吴村建设
　　　　　用地缩减示意图　　　　　　　　　　　　　　用地缩减示意图
　　　　　图片来源：作者自绘　　　　　　　　　　　　图片来源：作者自绘

（3）乡村类型化营建

将县域所有乡村进行发展建设类型划分，综合考虑富平县自然条件、人口分布等因素，综合评价村庄发展条件，划分限制发展区、引导发展区、积极发展区，根据不同分区提出不同人口规模标准与不同发展策略（表 6-12、图 6-16）。

富平县乡村发展引导分区一览表　　　　　　　　　　　　　　　　　　　表 6-12

分区	乡村分布特点	人口设置标准	发展策略
限制发展区	农业生产条件较差，受地形、地质灾害因素影响，村庄布局分散，通常沿沟谷及交通沿线布局	撤并人口规模 1000 人村庄，中心村选择人口规模＞1800 人	乡村发展以"适度城镇化和生态移民"为指引，促进有条件的村庄发展，加强引导移民搬迁工作，鼓励村民向生态承载力较强和就业岗位较多的区域移民，大力发展低碳生态经济

续表

分区	乡村分布特点	人口设置标准	发展策略
引导发展区	乡村之间联系便利，建设条件良好，基础设施相对完善，村庄分布均质，乡村距离主要取决于人均耕地数量和农作半径	撤并人口规模 1500 人以下乡村，中心村选择 > 2500 人	乡村发展抓住产业发展和升级的机会。配置相对均衡的公共服务设施。推动优势农业集群化。该区域拥有良好的文化旅游资源
积极发展区	受中心城区、工业区影响较大，村庄人口较多，分散布局与均质布局都有一定体现，农业生产条件优越，基础设施完善	撤并人口规模 1500 人以下村庄，中心村选择人口规模 > 3000 人	南部中心城区及产业带地区加快产业升级，增强城市带动乡村和统筹城乡发展的能力，积极引导村庄聚集发展，加大统筹城乡发展的力度，推动资源要素向乡村的合理配置

图表来源：根据相关资料改绘

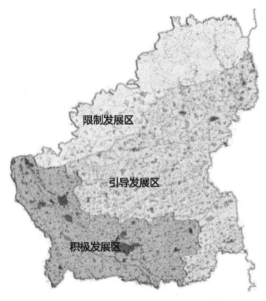

图 6-16　富平县村庄发展引导分区图

图片来源：根据相关资料绘制

① 中心村营建

选取规模较大，区位、基础设施、公共服务社会基础较好的村庄，通过政策引导，逐步引导村庄集聚。推进乡村新型社区标准建设，促进城镇化发展，带动周边区域，辐射 3 ~ 5 个基层村的发展。在村域内修建 2 条主干道，道路宽度设置在 7 ~ 10m。根据实际情况设置一座幼儿园，可与小学合并设置建设。设置一个商业中心，包括超市、副食品商店、饮食店、农产品交易市场，有集贸传统的村庄设置集贸市场。建设一座公共服务中心，包括卫生室、警务室、村委会办公楼、村史馆、邮政室等。可根据情况布置篮球场、羽毛球场、健身器材等。

② 特色村营建

对具备独特的生态、环境、文化或产业等特色的 34 个特色村进行重点营建。依托良好的生态环境、农田资源发展旅游休闲产业，产业发展与村庄建设相互带动，加强生态景观建设，体现乡土特色。加强古建筑、古民居、古树名木的保护与利用，有序发展乡村文化休闲产业。重点发展乡村旅游、特色农产品生产加工等特色产业，建设以梳理交通流线、完善公共设施、整治街巷、建筑外观为主，提升村民生活品质，为产业发展奠定较好基础。

（4）城乡空间结构转型

随着人口缩减，建设用地整合，产业体系重组，生态环境优化，城乡土地空间中经济、社会、生态空间的逐步演进与变迁，形成"一主三副，三轴多点，网络衔接"的城乡空间格局。"一主"是指县域中心城市，"三副"是庄里副中心、美原镇副中心和刘集副中心。"三轴"指一主轴、两次轴，主轴贯穿镇域西北到东南，连接庄里镇到县域中心城市。两次轴分别连接县域东北方向到县域中心城市、连接东部到县域中心城市。"多点"由一般城镇、中心村、基层村等组成，作为轴带辐射点，通过交通网络成为城乡连接基地（图6-17）。

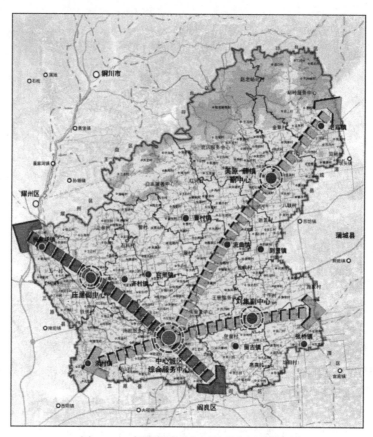

图6-17　富平县城乡空间转型发展结构图

图片来源：作者自绘

6.2　蒲城县域城乡空间结构转型发展的实证分析

蒲城县位于关中平原东北部，是陕西省级历史文化名城，总面积1585km²，为渭南面积第二大县。现状工业基础良好，三次产业比重 29：49：22。

6.2.1　城乡自然特征概况

（1）区位格局（图 6-18）

蒲城县位于渭南市域北部，是市域副中心城市。距离西安市区 110km，渭南市区 40km，位于西安两小时经济圈，渭南一小时经济圈范围内。京昆高速、渭蒲高速在中心城市南部与东部通过并留有出口及站场。省道 106 与 201 构建县域主交通十字网。

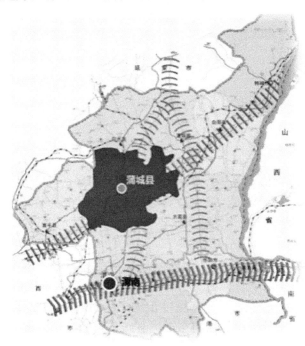

图 6-18　蒲城县区位图

图片来源：作者自绘

（2）地貌格局（图 6-19）

县域总面积 1585km²，为陕北黄土高原和关中渭河平原交接地带。地形以台塬为主，地貌分为北部台塬、中部南部平原、东部河谷三种类型。黄土台塬为关中"北山"乔山山脉的一部分，与富平境内山脉接壤，总面积 475km²，占县域总面积 30%。中南部平原总面积 951km²，占县域总面积 60%。县城以南为平原（紫荆塬），以北为台塬。东部河谷为洛河流域，总面积 159km²，占县域总面积 10%。

（3）水域资源

境内有三条水系、两湖、一渠。洛河又名"洛水"，境内长 70km，流域面积 1354km²。白水河，由高阳镇洼里村北入境，境内流长 15km，流域面积 80km²。大峪河境内流长 13km。两湖包括卤阳湖、永丰湖（大峪河），一渠为龙首渠。

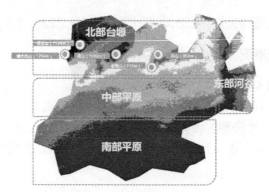

图 6-19 蒲城县域地貌格局分布示意图

图片来源：作者自绘

6.2.2 城乡关系转型发展

（1）城镇发展现状

1）经济发展概况

截至 2017 年经济总产值 74 亿元，高于关中县域平均水平，位于关中县域经济发展的第 12 位，属经济发展较好的地区。三次产业比例 30：45：25。县域主导产业为工业，以煤炭、建材、纺织、机电、化工为支柱产业。

2）城镇体系现状

县域范围辖 17 镇：城关、罕井、兴镇、荆姚、党睦、孙镇、永丰、东陈、龙阳、高阳、苏坊、陈庄、洛滨、坡头、翔村、椿林、上王[268]。现状城镇村体系是县域中心城市—重点镇——一般镇（乡）—中心村—基层村五级。重点镇包括省级重点镇与县级重点镇。省级重点镇为孙镇，位于县域中心城市东部。县级重点镇为罕井镇，位于县域北部。一般镇共 15 个，其中 9 镇为农业型城镇，6 镇为工业型城镇。中心村 16 个，基层村 275 个（表 6-13）。

蒲城县中心村现状统计表　　　　　　　　　　　　　　表 6-13

城镇名称	中心村名称	个　数
罕井镇	山东	1
孙镇	黄寨	1
陈庄镇	东鲁	1
荆姚镇	南姚	1
东陈镇	焦庄	1
兴镇	桑楼	1
党睦镇	吝家	1
龙阳镇	望溪	1
苏坊镇	封村	1
坡头镇	安王	1
高阳镇	安家	1

城镇名称	中心村名称	个　数
洛滨镇	前洼	1
永丰镇	刘家沟	1
翔村镇	淘池	1
椿林镇	万兴	1
上王镇	雷鸣	1
总计	—	16

图表来源：作者自绘

3）城镇职能现状

县域中心城市为县域的政治经济文化中心，为综合型城镇。孙镇重点发展电力、煤化工等能源产业，打造渭北能源配套产业基地[269]，城镇职能为工业型。罕井镇因境内煤炭、石灰石资源丰富，是渭北重要的建材生产基地和煤炭及煤机制造基地[270]，城镇职能为工矿型。荆姚、东陈、兴镇、上王镇城镇职能为工业型，党睦、龙阳、苏坊、坡头、高阳、洛滨、永丰、翔村、椿林镇的城镇职能为农业型城镇（表6-14）。

蒲城城镇体系与城镇职能现状统计表　　　　　　　　　　　　　表6-14

城镇分类	职能分类	数量	城镇名称
县域中心城市	综合性中心城型	1	城关镇
重点镇	工矿型城型	1	罕井镇
	工业型	2	孙镇、陈庄镇
一般镇	工业型	4	荆姚、东陈、兴镇、上王
	农业型	9	党睦、龙阳镇、苏坊镇、坡头、高阳、洛滨、永丰、翔村、椿林

图表来源：蒲城县统计年鉴（2017）

4）城乡产业体系现状

① 农业

蒲城是陕西省农业大县，是全国100个优质小麦基地县之一。粮食生产面积155万亩，果业面积60万亩，绿色果品生产基地18万亩，是陕西最大的果品生产基地，是全国果品生产百强县之一，是国家农业部命名的全国酥梨之乡。设施农业生产27万亩，部级示范养殖小区2个，省级示范养殖小区7个，市级示范养殖小区24个。创建省、市、县级现代农业园区32个，其中省级农业园区6个，市级农业园区4个，县级现代农业园区22个。

② 工业

总体经济增长平稳，支柱产业以煤炭、建材、纺织、机电、化工以及农副产品加工为主体，与渭南市产业体系形成互补发展。国民经济发展速度处于第9位，工业增加值增长速度处于第9位，GDP占全市的份额从12%降为10%，工业增加值从10%降到9%。全县域共7个工业园区，三个较大园区位于陈庄、孙镇、平路庙。

③ 旅游服务业

历史文化资源与自然风光资源丰富。旅游资源总数为 123 个，亚类 15 个，基本类型 31 个。城关镇旅游资源单体数量 27 个，占旅游资源单体总数 22%，桥陵镇 15 个，陈庄镇 16 个，孙镇 12 个（图 6-20）。

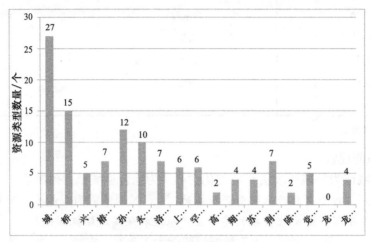

图 6-20　蒲城县旅游资源各镇分布数量柱状图

图片来源：蒲城县统计年鉴（2017）

（2）现状问题剖析

1）城镇体系基本形成，但各个镇发展差距较大

历史上蒲城是渭北平原地区的中心城市和交通节点，经济、人口、用地规模相对较大。县域内城镇体系已经形成，但各层级之间发展差距大。工业型城镇经济发展优于农业型城镇，孙镇经济发展总量是永丰镇的 8 倍。由于小城镇规模、产业发展、设施配置等不足，导致城镇体系严重脱节，城镇对乡村发展带动不足，造成村庄产业类型单一。乡村对区域中心依赖程度多于小城镇，未能从根本上实现城乡整体统筹发展。

2）空间结构松散且"弱中心"，工业园区规模难以发挥集聚效应

全县域面积 1585km²，县域中心城市建成区面积 14km²，具备县城辐射、带动与服务的功能。空间结构呈现"弱中心"格局明显，典型小马拉大车的关中县域城乡结构。现状工业用地规模 6.65km²，作为主导产业为工业的县域来说，工业用地面积较小，难以发挥集聚效应。由于工业园区的产业差异，全县域在 7 个镇内建设工业园区，产业发展趋势缓慢。

3）农业基础较好但市场占有率低，工业发展增速明显但造成环境恶化，旅游服务业发展处于初级阶段

农业经济种植作物如酥梨、冬枣、桃初具品牌效应，但未考虑相关农产品加工与产业链延伸，整体市场占有率低。县域北部小麦种植规模较大，造成农产品附加值不高，农民收入较低。

不同类型工业产业在县域分散且无序，产业之间缺乏合理的空间组织，导致产业间关联性不强，不利于实现产业规模效应和集聚效应。煤化工、新材料、新材料等工业产品附加值较低，缺乏龙头企业带动，资源设施共享率低，尚不能形成核心竞争力，造成县域部分地区生态环境变化，对农业种植质量造成影响。作为工业企业腹地的广大乡村地域产业单一，乡村产业主体缺失，城乡之间不存在良性循环互动。

依托历史文化资源，以"六馆"、"五陵"为主的旅游景区同质化明显，自然山水景区和乡村旅游点较少。国家 A 级景区仅三处（杨虎城将军纪念馆、林则徐纪念馆与龙首黑峡谷景区），受到文物保护的严格限制，提升空间有限。卤阳湖国家湿地公园发展空间和潜力较大，行政隶属权不在蒲城县，难以成为蒲城品牌景区。乡村旅游处于起步阶段，参与性、体验性、文化性强的深层次旅游产品较少，只有桥陵附近安王村和赵山村开发旅游。政府和当地村民的认识不足，造成服务意识淡薄及乡村旅游建设资金投入较少，乡村旅游潜力未发挥出来。

（3）转型机制

1）承接渭南市域"副中心"的新定位，构建交通网络的硬件载体

蒲城作为渭南市域副中心城市，是市域北部区域增长极，承担城镇群重要的产业和专业化服务功能。支撑渭南参与国际能源、大宗商品、农产品贸易合作，渭南与陕北地区协同发展的重要支点。构建西延铁路、蒲渭高速、西禹高速、渭清公路等交通网络格局，为蒲城县域整体发展提供硬件载体，促进地区之间互动发展，对县域空间结构转型提供支撑（图 6-21）。

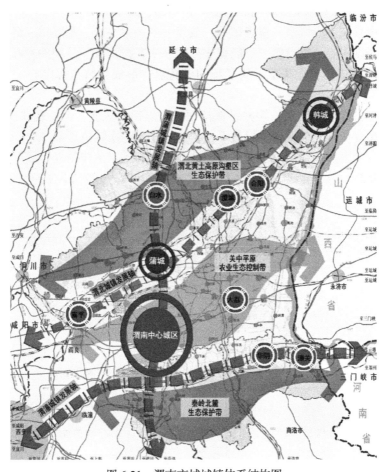

图 6-21　渭南市域城镇体系结构图

图片来源：《渭南市城市总体规划（2016-2030）》

2）完善区域产业结构，延伸能源产业链条，带动新型工业化进程

蒲城是渭南市重要的工业基地之一，以资源开采为主体，有煤炭、电力、建材、纺织、机电、化工等支柱产业。调整县域三次产业比例，避免对某一产业过度倾斜，避免单纯开采销售低附加值的初级能源产品。通过技术创新和改变煤化工产业链上的生产流程，在区域范围内延伸能源产业链条，增加能源产品的附加值，带动新型工业化进程，推动产业结构优化升级，实现煤炭资源清洁和高效利用。

依托蒲城酥梨品牌效应，建立规模化的设施农业种植区，采用现代化管理方式，延伸农业产业链，融合科研教育、博览观光等内容。第三产业确保生产性服务业和生活性服务业的协调。

3）设施建设水平提升

通过"分级配置、均衡配置"两种方式，明确中心城市、各城镇与乡村的公共服务设施配置标准，对城—镇—村公共服务设施进行分层逐级配置，满足城乡居民不同生活需要。在空间分布上力求均衡，努力提高公共服务设施的覆盖率和服务水平。统筹县域公共服务资源，确定各镇区公共服务设施建设标准。

（4）城乡关系转型

1）城镇体系的转型与城镇职能的调整（表6-15、图6-22）

城镇体系由县域中心城市—重点镇——一般镇—乡—中心村—基层村六级，重组为县域中心城市—县域副中心—重点镇——一般镇—社区—中心村六级。县域副中心为孙镇，具备产业集聚、人口集中、功能集成、要素集约等特点，形成县域东部中心，城镇职能为工贸型。

重点镇为罕井镇、陈庄镇。罕井镇保持现状重点镇的职能，保持现状煤炭挖掘产业，继续拓展小城镇的作用，缓解城乡发展不平衡等问题。陈庄镇位于县域中心城市南10km，作为国家级工业园区所在地，对全县的工业产业发展起到示范与带动作用，是县域南部的增长极，城镇职能由工业型调整为工贸型。乡逐步撤并，一般镇共13个，3个镇调整为农贸型城镇。

蒲城县城镇职能调整一览表　　　　　　　　　　表6-15

城镇分类	职能分类	数量	城镇名称
县域中心城市	综合性中心城型	1	城关镇
县域副中心	工贸型	1	孙镇
重点镇	工矿型	1	罕井镇
	工贸型	1	陈庄镇
一般镇	工业型	4	荆姚、东陈、兴镇、上王
	农贸型	3	洛滨、龙阳镇、坡头
	农业型	6	党睦、高阳、永丰、翔村、椿林、苏坊镇

图表来源：作者自绘

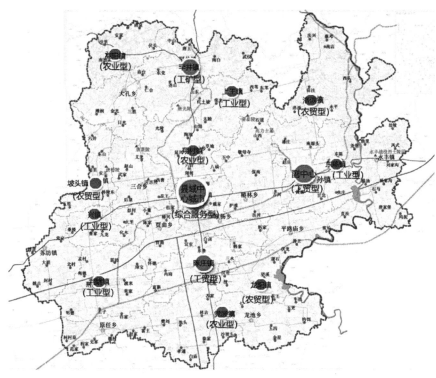

图 6-22 蒲城县城镇体系重组格局关系图

图片来源：作者自绘

2）产业结构优化与产业格局转型

①产业结构优化（图 6-23）

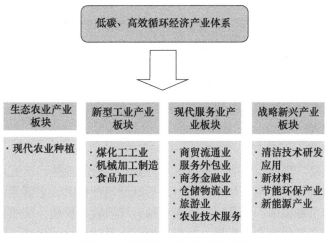

图 6-23 蒲城县产业体系框架图

图片来源：作者自绘

a. 推进农业产业化

引导产业结构和品种结构调整，提高经济作物占种植业的比重。随着乡村居民点逐步复垦，农业空间格局扩大。作为全国 100 个优质小麦基地县之一，远期小麦种植规模保持在 151 万亩，建设 60 万亩优质专用小麦基地。国家农业部命名的全国酥梨之乡，远期扩大种植面积达 30 万亩，建设 20 万亩绿色酥梨产业园区，苹果缩减至 20 万亩，促进农业内部结构优化。重点建设石羊 PIC 猪场和 50 万头生猪屠宰生产线，加快发展秦川牛、奶牛、瘦肉型猪、食草畜禽和特种养殖业。以建设 13 万亩设施农业标准化生产基地为重点，创建省、市、县三级现代农业园区 32 个。同时深化农产品生产经营和流通体制改革，引导多种所有制成分参与农业产业化经营，加快农业多元化投放机制和产销一体化经营机制，建立健全农产品质量保障体系。

b. 强化工业主导产业

随着"关天"经济区发展落实，缩小蒲城与沿海地区体制与政策差异，针对能源和煤化工等产业出台相关政策。充分考虑与卤阳湖现代综合产业园区现代农业对接，依托酥梨、苹果等果蔬种植基地，形成农产品种植、加工、销售为一体的现代化农业产业链。

实施工业产业项目带动，利用蒲城地方煤矿探明储量 9000 余万吨资源，依托现有蒲城县煤矿、东党矿、金宇矿、郑家矿、罕井矿、高阳矿和安家矿，为煤化工工业园的煤炭工业提供资源保障。以煤化工工业园和蒲城工业园为载体，发展煤制甲醇、烯烃的煤化工产业链，形成集煤化工、精细化工为一体煤制烯烃生产基地。依托龙头企业发展产业集聚区，树立蒲城县产业品牌，形成集群整体品牌。围绕龙头企业，拓宽横向产业链及拉伸纵向产业链，发展复合型产业与精深加工产业，提高产业附加值。

以生态环境改善、资源可持续利用及城镇环境品质提高为核心，加强区域生态环境建设[271]，促进区域城乡生态良性循环、环境洁净、资源可持续利用，形成多层次、多功能、网络式的生态安全格局。

c. 促进全域旅游发展

突出蒲城旅游资源特色，适应旅游业发展趋势，响应渭南市旅游发展战略安排，合理配置"食、住、行、游、购、娱"六要素。依托历代古物古迹、名人轶事发展观光游览、休闲度假为主，以科考教育、疗养健身、商务会议等为辅[272]，将蒲城建设成为特色鲜明的旅游综合区域。加快以桥陵为重点的旅游产品开发，打造"大唐皇陵探秘游、将相名人史迹追溯游、尧山庙会民俗风情游、张家山自然生态观光游、龙首坝水上探险娱乐游"五大旅游精品，实现全域旅游产业顺利转型，由经济功能向综合功能转变。

② 产业格局转型

a. 农业转型格局

围绕粮食、瓜菜、果业、畜牧、林特五大产业共划分农业生产区五区。北黄土台塬山地小麦种植区，属典型黄土高原旱作区；中部平原酥梨种植区，东部蔬菜种植区，南部棉花种植区，西部苹果种植区。全县推广小麦良种、优质牧草种植，按照区位、土壤、气候条件分别建立南部高蛋白玉米、瓜果、酥梨基地，中部建设优质油葵、双低油菜、反季节蔬菜基地，以及奶牛、肉牛、笼养鸡、生猪基地，北部建立苹果、葡萄、核桃基地以及杨树、泡桐为主的经济林基地，洛河沿岸建立水产养殖基地（图 6-24）。

b. 工业转型格局

构建以县域中心城市为中心，向东西南北四个方向辐射的工业发展格局。县域南部为食品加工集中区，横贯全县东西全境的农副产品加工区。县域东部为载能、煤化工业园，吸纳铝电、镁电、铁合金、碳化硅等载能产业以及煤化工业入驻。县域北部为建材工业集中区与煤炭工业区，按照资源分布和历史形成的工业布局促进产业健康发展。县域西部为花炮工业集中区，形成"基地＋公司"的产业格局，发展农机、水机、变压器、齿轮、建筑、建材机械加工业、环保业等产业。

北部：苹果、葡萄、核桃基地
杨树、泡桐为主的经济林基地
洛河沿岸建立水产养殖基地

中部：优质油葵、双低油菜、反季节蔬菜基地
奶牛、肉牛、笼养鸡、生猪基地

南部：高蛋白玉米、瓜果、酥梨基地

图 6-24　蒲城县农业产业转型发展分布图

图片来源：作者自绘

c. 旅游服务业转型格局

构建五大旅游区。北部自然风光旅游区，天然森林资源比较丰富，重点建设张家山和尧山风景旅游区。西部大唐文化旅游区，重点开发桥陵旅游区。中心城市旅游区，有唐、宋、金代宝塔，明、清的文庙、关帝庙、考院、王鼎故居、杨虎城故居等古建筑，发展古物古迹、名人故居观光旅游。南部卤阳湖旅游区，立足渭南卤阳湖现代产业综合开发区，依托航空科技、芦苇湖渚、生态湿地等旅游，发展空域风光、水域风情等立体化的工业、科普旅游[273]。东部洛河流域，发展观光游览、休闲度假、健身疗养等旅游项目。

3）人口规模等级引导

① 现状人口等级规模

截至 2017 年末蒲城县总人口 78.76 万，人口密度 468 人 /km²。其中城镇人口 40.38 万，乡村人口 38.37 万。县域中心城市总人口 13.05 万、尧山镇 5.26 万、兴镇 3 万人、桥陵镇 7.1 万、苏坊镇 3.3 万、荆姚镇 8.3 万、党睦镇 4.7 万、龙阳镇 2.7 万、陈庄镇 2.7 万、龙池镇 3.6 万、孙镇 7.5 万、椿林镇 3.8 万、永丰镇 2.8 万、洛滨镇 3.1 万、罕井镇 5.9 万、高阳镇 2.1 万（图 6-25）。

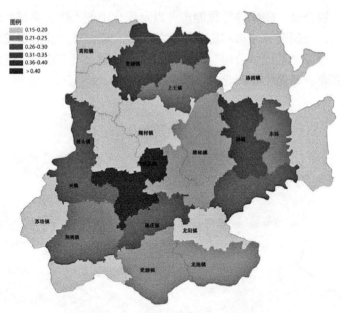

图 6-25　蒲城县人口密度现状分布图

图片来源：（1）数据来源：蒲城县统计年鉴（2017）及政府工作报告（2017）；（2）作者自绘

② 人口分布现状特征

a. 城镇人口数量过半，人口分布向产业带与交通沿线聚集

县域整体人口分布现状北部少、中南部相对较多。中心城区与各建制镇镇区人口密度大。县域北部台塬地区受地形及交通影响，沿地形谷底或交通干道沿线布局，水利设施条件较差的区域人口密度较低。县域中部与南部属平原地区，交通便利且易于大规模集聚，整体较为均质。蒲城县域人口分布呈现向产业带集聚、向交通沿线集聚、向工商业发达区集聚的趋势。人口总量与各建制镇产业发展相关，城镇人口数量较多的建制镇其城镇职能为工业、工矿、工贸型。乡村人口规模较大的建制镇其城镇职能以农业型为主。

b. 乡村人口主要分布在县域中部与南部，以行政村为单位人口规模相对较大

受地形限制与水利设施的因素制约，造成乡村多集中分布在中部与南部，占总乡村人口的78%。整体各行政村平均人口规模较大，村庄空置率相对较低。55% 行政村平均人口在 2000 人以上，35% 行政村平均人口在 1000 ～ 2000 人之间，15% 行政村平均人口在 1000 人以下。因受地形限制居民点分布过于分散，人均建设用地达 200m² 以上，乡村建设用地占城乡建设用地比重大。

③ 人口引导机制

a. 明确县—镇的主导产业，以产业促进劳动力就地转移

明确县域 14 个建制镇的主导产业，有效引导乡村地区产业。推广科学技术含量高、经济附加值大的种植产业，鼓励以"能人经济"带动土地流转，加大农业种植回报率。以技术、资金、政策等方式扶持村办企业，建立现代金融机制，保障企业良好运营。在全县域内实现以农业种植为主，以村办企业带动，以乡村旅游为重点的产业引导。通过产业结构调整，尤其是乡村产业的合理化发展，有序引导劳动力就地转移。

b. 加强乡村整合与美丽乡村建设，促进乡村剩余劳动力向城镇转移

县域经济产业发展较好，乡村空置率相对较低。通过地区产业发展，提供充足的就业机会与相对丰厚的收入，强化非农人口就地转化，打破禁止人口流动的障碍，鼓励外来人口定居。加强乡村居民点的整合，促进乡村剩余劳动力向城镇转移。扩大中心村的规模，采取中密度、小聚合的方式，合理布局农村社区，引导农业人口居住相对集中。加大劳动力资源开发和扶贫开发力度，提高乡村道路、基础设施及公共服务设施建设标准，引导富余劳动力向非农产业和城镇合理有序转移。全面开展"百村工程"，建设生产发展、生活富裕、乡风文明、村容整洁、管理民主的新乡村。

④ 人口发展预测

a. 乡村人口缩减

现状总人口 745565 人，其中城镇人口 20.16 万人，占 27%；乡村人口 54.39 万人，占 73%。对蒲城县域整体乡村人口出生与外出务工的调查与结果分析，蒲城县域乡村的人口自然增长率近五年为 8‰，中远期自然增长率为 7‰，远期自然增长率下降为 6‰。近期平均外出务工率为 15%，随着产业的发展与重点项目的实施，外出务工率增长幅度趋于平稳，在中远期及远期人口转化率达到 12%。通过公式 $P_n = P_0 \times (1 - r_1) \times (1 + r_2)^n$ 对乡村人口测算。其中 P_1 为预测人口，P_0 为总户籍人口，r_1 为外出务工率，r_2 为自然增长率，n 为预测年限。乡村远期人口与现状人口相比较，到 2020 年人口平均缩减率 12%，到 2030 年人口平均缩减率为 20%。

b. 县域总人口预测（表 6-16）

整体呈现减少趋势，2016 年总人口 72.28 万，到 2020 年总人口缩减至 67.92 万，其中城镇人口 25.29 万，乡村人口 42.63 万。到 2030 年总人口 61.81 万，城镇人口 32.50 万，乡村人口 29.31 万。由于蒲城县属工业主导型城镇，工业发展不仅带来县域经济增长，同时带来大量产业工人及家属，城镇人口由原来 20.24 万增加到 32.50 万。

蒲城县城乡人口发展预测一览表（单位：万人）　　　　　　　表 6-16

镇区	2020 年			2030 年		
	常住人口	城镇	乡村	常住人口	城镇	乡村
县域中心城市	18.38	11.98	6.40	24.31	19.43	4.88
罕井镇	4.82	1.21	3.61	3.65	1.28	2.37
孙镇	4.83	1.56	3.27	3.66	1.27	2.39
陈庄镇	2.29	0.68	1.61	1.73	0.60	1.13
荆姚镇	5.22	1.92	3.30	3.95	1.38	2.57
东陈镇	1.85	0.43	1.42	1.40	0.49	0.91
兴镇	2.56	0.56	2.00	1.94	0.68	1.26
党睦镇	3.80	0.87	2.93	2.88	1.01	1.87
龙阳镇	2.29	0.77	1.52	1.73	0.61	1.12
苏坊镇	2.87	0.89	1.98	2.17	0.76	1.41
坡头镇	4.42	1.45	2.97	3.35	1.17	2.18
高阳镇	1.72	0.39	1.33	1.30	0.45	0.85

续表

镇区	2020年			2030年		
	常住人口	城镇	乡村	常住人口	城镇	乡村
洛滨镇	2.82	0.43	2.39	2.13	0.75	1.38
永丰镇	2.39	0.27	2.12	1.81	0.61	1.20
翔村镇	2.43	0.45	1.98	1.84	0.63	1.21
上王镇	1.97	0.31	1.66	1.49	0.52	0.97
椿林镇	3.26	1.12	2.14	2.47	0.86	1.61
总计	67.92	25.29	42.63	61.81	32.50	29.31

图表来源：作者自绘

6.2.3 城乡空间结构转型

（1）城乡空间绩效评估

根据《中国城市统计年鉴 2017》、《中国乡村统计年鉴 2017》、《中国县市社会经济统计年鉴 2017》、《陕西省统计年鉴 2017》、《蒲城县统计年鉴》、《蒲城县总体规划 2012》、《政府工作报告 2017》进行指标提取（表 6-17）。

蒲城县城乡空间绩效指标表　　　　　　　　　　　　　　表 6-17

指　　标	蒲　　城	指　　标	蒲　　城
X1	32453	Y1	151.62
X2	66163	Y2	18895.8
X3	985	Y3	50
X4	11	Y4	35
X5	46602	Y5	44.12
X6	48	Y6	50.9
X7	393.5	Y7	3.21
X8	1120	Y8	648.3
X9	12	Y9	347.1
X10	25	Y10	25
X11	68	Y11	1696.02
X12	80.12	Y12	5.8
X13	156000	Y13	90
—	—	Y14	60

图表来源：作者自绘

1）BBC 模型测算（表 6-18）

蒲城县城乡空间绩效测算值　　　　　　　　　　　表 6-18

地区	综合效率	技术效率	规模效率	规模收益
蒲城县域	1	1	1	规模效率不变

图表来源：作者自绘

DEA 模式中如果投入产出指标过多或 DMU 单元相对指标数量较少，会导致效率值均为 1，需对评价指标因子进行降维处理。

2）因子降维

运用 SPSS 软件对因子进行处理，非期望值指标 Y3，Y8，Y10，Y12，Y13，其产值越大，对效率实际贡献越小，不符合 DEA 模式的评估目的。在运算时对非期望指标因子进行倒数计算，反正空间绩效模式（表 6-19）。

蒲城县城乡空间降维后空间绩效指标表　　　　　　表 6-19

指标	蒲城	指标	蒲城
X1	32453	Y1	151.62
X6	48	Y2	18895.8
X7	393.5	Y4	35
X8	1120	Y5	44.12
X10	25	Y6	50.9
X11	68	Y7	3.21
X12	80.12	Y9	347.1
X13	156000	Y11	1696.02
—	—	Y14	60

图表来源：作者自绘

3）模型计算

降维后将指标代入 SBM 模型进行计算。

$$\mathrm{Min}\,\rho = \frac{1 - \frac{1}{m}\sum_{i=1}^{m}\frac{s_i^-}{x_{io}}}{1 + \frac{1}{s}\sum_{r=1}^{m}\frac{s_r^+}{y_{ro}}}$$

综合技术效率由两部分组成，综合技术效率＝纯技术效率×规模效率，综合得出计算结果，城乡空间综合效率为 0.802（表 6-20）。计算结果属于中等，表明与关中地区整体发展水平相比较适中发展。蒲城县域城乡发展迅猛，随着工业产业的投入与转型，带动人口城镇化、就业的提升，环境保护的投入增大，城乡空间逐步优化。

蒲城县城乡空间绩效测算值　　　　　　　　　　　表 6-20

地区	综合效率	技术效率	规模效率	规模收益
蒲城县域	0.802	1.015	1.013	规模效率递减

图表来源：作者自绘

（2）城乡建设用地演变

1）现状城乡建设用地（图6-26、表6-21）

县域总面积1584km²，总建设用地158.3km²，占总面积9.99%。村庄建设用地109.5km²，占总建设用地的69.2%。城镇建设用地42.2km²，占城乡建设用地的26.7%。

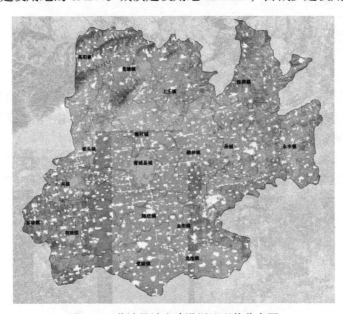

图6-26 蒲城县城乡建设用地现状分布图

图片来源：（1）数据来源：蒲城县统计年鉴（2017）及政府工作报告（2017）；（2）作者自绘

蒲城县城乡建设用地现状统计表（单位：hm²） 表6-21

区域	总面积	城镇建设用地	村庄建设用地	工业用地
县域中心城市	1493.64	1430.77	62.87	—
罕井镇	1017.79	805.23	212.56	—
孙镇	1300.28	162.92	1019.40	117.96
陈庄镇	1220.63	199.94	869.13	151.56
荆姚镇	1492.77	273.73	1219.04	—
东陈镇	694.52	28.56	665.96	—
兴镇	620.89	378.05	242.84	—
党睦镇	1127.29	100.12	1000.48	26.69
龙阳镇	1339.41	102.62	921.06	315.73
苏坊镇	562.48	56.00	506.48	—
坡头镇	920.00	92.06	822.96	4.98
高阳镇	903.38	173.83	729.55	—
洛滨镇	663.63	63.37	600.26	—
永丰镇	589.90	50.37	521.47	18.06

续表

区域	总面积	城镇建设用地	村庄建设用地	工业用地
翔村镇	572.69	62.06	510.63	—
上王镇	458.23	66.05	365.65	26.53
椿林镇	856.12	175.40	680.72	—
总计	15833.65	4221.08	10951.06	661.51

图片来源：蒲城县统计年鉴（2017）

2）城乡建设用地发展预测

① 城镇建设用地演变（图 6-27）

各建制镇与县域中心城市随着自身发展需要，城镇建设用地规模增加，县域中心城市建成区增加 25km²，其他建制镇平均增加 3km²。城镇总建设用地增加 67km²，乡村建设用地缩减 41km²。城乡建设用地拓展类型中县域中心属于剧烈拓展型，县域副中心（孙镇）、重点镇（陈庄镇）属强拓展型，其他建制镇属稳定型。城镇建设用地演变重心向南、向东拓展，重心偏移 27.2km。

工业产业逐步向园区集聚，县域内 7 处产业园用地规模由 665hm² 发展至 1389hm²。煤化工业园发展煤制甲醇、烯烃的煤化工产业链，依托产业规模，形成集煤化工、精细化工为一体的煤制烯烃生产基地，由现状用地规模 195.6hm² 拓展到 2030 年 600hm²。蒲城工业园的产业体系拓展至机械加工制造、食品加工工业、新材料工业、战略新型产业、现代物流业，用地规模由现状的 115.2hm² 拓展至 400.67hm²。充分考虑与卤阳湖现代综合产业园区现代农业对接，依托酥梨、苹果等果蔬种植基地，形成农产品种植、加工、销售为一体的现代化农业产业链。

图 6-27　蒲城县城乡建设用地拓展类型空间分布图

图片来源：作者自绘

② 乡村建设用地整合

随着乡村人口的缩减，在人均建设用地标准不变的前提下，乡村土地至 2020 年缩减 12%，至 2030 年缩减 20%。结合乡村建设用地的缩减预测，有效引导村民小组集中建设，对行政村域内规模较小的村民小组进行整合与复垦。最终 289 个行政村缩减至 249 个，迁并 56 个，复垦 40 个，复垦村庄建设用 10.38km²。

③ 城乡建设用地演变（表 6-22）

由于人口出生率降低、外出务工率增高与一户多宅的综合因素影响，村庄建设用地逐年降低，到 2020 年村庄建设用地减少至 101.55km²，到 2030 年减少至 73.11km²。城镇建设用地到 2020 年增加至 35.29km²，2030 年增加至 47.06km²。随着产业园区化的发展，工业园区面积增加，到 2020 年工业用地 8.92km²，到 2030 年增加至 13.39km²。

蒲城县城乡建设用地演变一览表（单位：hm²）　　　　　　　　表 6-22

镇　　区	2020 年		2030 年	
	城镇建设用地	村庄建设用地	城镇建设用地	村庄建设用地
县域中心城市	1430.77	44.01	2060.31	31.68
罕井镇	223.19	705.57	265.15	508.01
孙镇	171.07	886.88	216.40	638.55
陈庄镇	209.99	756.14	265.63	484.71
荆姚镇	273.73	1060.56	325.19	763.60
东陈镇	31.42	579.38	35.63	417.15
兴镇	242.85	328.90	283.26	236.81
党睦镇	100.12	870.42	116.78	626.70
龙阳镇	102.62	801.32	113.14	576.95
苏坊镇	58.80	440.65	64.83	317.27
坡头镇	92.06	715.97	101.50	536.98
高阳镇	173.83	634.71	191.65	456.99
洛滨镇	64.62	522.23	71.24	376.01
永丰镇	51.37	453.67	69.07	326.64
翔村镇	62.06	444.25	68.42	319.86
上王镇	66.05	318.12	72.82	229.05
椿林镇	175.40	592.22	193.38	426.40
总计	3529.96	10155.01	4706.05	7311.61

图表来源：作者自绘

（3）乡村类型化营建

1）乡村分区引导发展

根据蒲城发展要求、村庄与县域中心城市的发展关系、村庄发展特点等因素，将乡村分为三类引导发展，包括城镇化型、改造完善型、迁移新建型。城镇化型位于现状城市建成区内，完成从乡村到城市转变过程的村庄，风貌改造与周边地区的开发同步进行。改造完善型位于城镇建成区以外、县域范围内，村庄营建需适当控制，限制发展规模，居住发展用地鼓励向中心城区和邻近城镇集中。迁移新建型位于文物保护区、风景名胜区或自然灾害多发区内，远期考虑整体迁移新建的村庄，外迁村民就近进入城区、镇区或中心村安置（表 6-23）。

蒲城县乡村发展分类表　　　　　　　　　　　　　　　　表 6-23

镇　　区	城市化型	迁移新建型	改造完善型
城关镇	6	—	—
罕井镇	2	—	14
陈庄镇	2	—	9
荆姚镇	3	—	32
东陈镇	1	—	7
党睦镇	2	2	21
龙阳镇	1	—	10
高阳镇	2	—	9
洛滨镇	1	—	19
永丰镇	1	—	15
兴　镇	6	—	12
孙　镇	2	—	10
苏坊镇	1	—	14
坡头镇	1	—	12
大孔乡	1	—	9
三合乡	1	—	15
平路庙	1	—	11
龙池乡	1	—	16
椿林乡	1	—	15
贾曲乡	1	—	14
翔村乡	1	—	15
东杨乡	1	—	12
上王乡	1	—	14
原任乡	2	—	11

图表来源：根据相关资料整理绘制

2）中心村营建

与所在镇相关规划衔接，与"空心村"改造及乡村居民点土地整理相结合。积极鼓励和引导中心村发展村办企业，发展养殖及相关加工产业。在经济建设、基础设施建设方面优于周边村庄，成为一定区域内的商业与娱乐中心。拓展通中心村联络的道路等级与宽度，村庄内部主干道 7m，次干道 5m，支路 4m 且全部硬化。完善中心村公共服务设施建设，配置幼儿园、卫生室、文化活动站、商店、农贸市场等，完善电力、电信、给水、排水、有线电视等市政工程设施。中心村具有综合服务功能，绿化率达到 30% 以上。

3）特色村营建

对县域内具备独特的生态、环境、文化或产业等特色的乡村筛选 45 个进行重点营建。依托重点生态保护区（包括风景旅游区）、历史村落保护区、重大基础设施建设和预留区，有序发展乡村文化休闲产业，促进文化保护传承工作可持续开展。重点发展乡村旅游、特色农产品生产加工等特色产业，村庄建设以梳理交通流线、完善公共设施、整治街巷、建筑外观为主，提升村民人居环境品质，为产业发展奠定较好的基础。

（4）城乡空间结构转型

随着人口演变与用地重组，城乡土地空间也逐步演进。随着新型工业化的发展，产业园区的规模逐步扩大，形成"一主两副三园，三轴多点"的空间结构格局。"一主"是县域中心城市，是县域的人口、产业集聚区。"两副"是孙镇副中心、陈庄镇副中心。"三园"是指位于陈庄镇的蒲城县工业园、孙镇的煤化工业园、平路庙乡的煤化工业园。"两轴"为一主轴两次轴，主轴为贯穿县域东西方向，连接西部兴镇、中部县城、西部孙镇的主要发展轴。次轴为贯穿县域南北，连接北部罕井镇、中部县城、西部陈庄镇与党睦镇的生活发展次轴。"多点"是由一般城镇、中心村、基层村等组成的作为轴带辐射的点。

6.3 潼关县域城乡空间结构转型发展的实证分析

潼关县地处关中东部，秦、晋、豫三省交界，是关中地区的东大门，是连接西北、华北、中原的咽喉要道。县域总面积 526km²，北濒黄河，南至秦岭，生态环境优越。县域支柱产业为黄金开采与加工，是国家资源转型扶贫县。

6.3.1 城乡自然特征概况

（1）区位格局

地处陕西省关中平原东端，居秦、晋、豫三省交界处。东接河南省灵宝市，西连华阴市，南依秦岭与洛南县为邻，北濒黄河、渭河同大荔县及山西省芮城县隔水相望[274]，西距省会西安市 144km，距渭南市 82km（图 6-28）。

（2）地貌格局

境内南有秦岭叠嶂，北濒黄河、渭河天险，东有牛头塬居高临下，地势南高北低，由南向北分为南部秦岭山地、中部平原和黄、渭河谷三种类型。南部秦岭山地占县域总面积 45% 即 236km²，中部平原占县域总面积 35% 即 184km²，北部河谷占县域总面积 11% 即 58km²。

（3）水域资源

县域两条地表河。黄河由渭河滩地流注花园东折，境内流程 18km，平均河宽 2km，水域面积 11.7km²。渭河由小泉村西经吊桥到花园汇入黄河，境内流程约 11km，水域面积 2.67km²（图 6-29）。

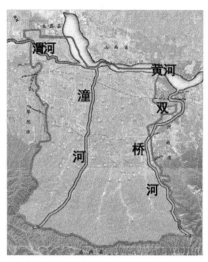

<table>
<tr><td>图 6-28　潼关县区位图</td><td>图 6-29　潼关县水域资源分布图</td></tr>
<tr><td>资料来源：作者自绘</td><td>资料来源：作者自绘</td></tr>
</table>

6.3.2　城乡关系转型发展

（1）城镇发展现状

1）经济发展概况

截至 2017 年经济总产值 37.85 亿元，低于关中县域平均水平，位于关中县域经济发展第 25 位，属经济发展较差地区。现状三次产业比重 28∶40∶32，黄金挖掘及加工产业为工业支柱产业，东大门潼关生态旅游长廊已现雏形。

2）城镇体系与城镇职能现状

县域辖 6 个建制镇，有县域中心城市—重点镇——一般镇—中心村—基层村五级城镇体系。县域中心城市是县域的政治、经济、文化、旅游、交通物流、科教和信息中心。重点镇为桐峪镇，以黄金采掘、采炼工业为主，是县域黄金贸易区，城镇职能为工矿型。一般镇秦东镇、太要镇、代字营镇、安乐镇，其中代字营镇、安乐镇为工贸型，秦东镇为旅游型城镇，太要镇为农工贸型。中心村 18 个，基层村 84 个。

3）城乡产业体系现状

①农业

农业总产值 7 亿元，粮食总产量 5 万吨，实现连续"九连增"。生猪养殖规模不断扩大，现代农业产业园区包括代字营镇现代农业示范园、秦东神泉观光农业园，成功列入省级示范园区和市级现代农业示范园区，安乐观光农业生态园建设顺利。农业基础条件不断改善，新修改造基本农田 8000 亩。

②工业

县域南部秦岭地区埋藏有金、银、铅、石墨、大理石、蛭石等多种矿物，藏量比较丰富。围绕"黄金立县"战略，以资源整合为抓手，全力延长黄金"生产、冶炼、加工、孵化"产业链。黄金挖掘及加工产业为工业支柱产业，黄金产量稳步提升，巩固潼关作为全国重要黄金生产基地的地位。

③旅游服务业

陕西东大门潼关生态旅游长廊已现雏形，杨震廉政博物馆是国家 3A 级景区。全年各景区共接待游客 32 万人次，实现旅游收入 6400 万。黄河金三角休闲度假区项目、省级粮食储备库项目、公共服务平台建设项目正在启动，餐饮、娱乐、房地产等消费强劲增长，第三产业增长 14%。

（2）现状问题剖析

1）城镇等级规模结构无递次性，县域城镇数量较少

城镇等级规模结构无递次性，城镇规模均偏小。除县城和太要镇外，其余各乡镇人口规模均小于 1 万人，城镇等级规模结构不合理，未形成有序金字塔城镇体系。受地形环境的影响城镇空间分布呈疏密不均匀分布，山区稀、平原密，多数集中在交通线沿线，城镇之间互补共享协调发展的格局未建立。除城关镇外，其余五镇基础设施不完善，造成城镇整体质量下降，无法有效带动周围地区发展。

2）产业体系结构不甚合理，优势产业规模相对偏小

经济发展水平与渭南市其他经济较发达区县相比，经济总量规模偏小。三产比重为38：45：17。第一产业与第二产业比重仍然偏大，第三产业对经济增长贡献率有待加强。农业产业化程度较低，工业处于初级加工阶段，精深产品开发能力不强。现代服务业发展滞后，旅游资源缺乏深度发掘。产业总量与资源、区位失衡。农业整体产业规模相对偏低，黄金工业发展周期长，但产业化水平低，产业链缺失，加工技术粗糙，生产经营规模较小，适应市场能力较弱。

3）基础类产业发展缓慢

农业发展处于传统农业向现代农业过渡期，生产知识化及技术化含量较低，农业产业化及商品化进程相对缓慢。工业发展主要为黄金开采和加工，整体上处于产业链发展初中级阶段，以初级产品和中间产品为主，产业及产品的附加值不高。旅游商贸业发展缓慢，高品质旅游资源未能高效地转化为旅游经济，商贸物流业发展动力略显不足，经济发展整体质量不高。

4）资源优势发挥低下

黄金开采和加工企业的产品生产处于产业初中级阶段，随着潼关小秦岭矿脉浅部资源的日益枯竭，对中深部黄金资源勘探提出更紧迫要求，"以采代探，勘探滞后，采选粗放，有冶无加"粗放型的黄金产业发展模式遇到转型发展压力。基于黄河文化、黄金文化和关隘文化为主题的旅游业产业化程度较低，历史、人文、生态等优势未能高效转化为经济优势。第三产业中商贸服务业、物流业、旅游业与潼关的优越区位、交通条件、丰富的自然历史文化资源不相符。

（3）转型机制选择

1）依托黄河"金三角"优势，协调区域整体发展

打破行政区划局限，依托黄河"金三角"优势，促进山西运城、河南三门峡、陕西渭南三市组成秦晋豫黄河三角经济统一发展。加强潼关—渭南、潼关—灵宝、县域各镇之间及城乡之间产业发展，以合理利用资源、保护生态环境为出发点，考虑县域南、中、北部产业发展的环境容量，形成以特色加工产业、物流、黄河及历史文化旅游等为支撑产业。依托三省交界与黄河三角经济核心地区的优势，突出发挥商贸物流中心的作用。依托黄河自然风光与历史人文资源重点培育商贸旅游业。最终形成以黄金生产加工工业为支柱，以

生态文化旅游业为动力，以商贸金融、现代物流等生产性服务业为支撑，以有色金属冶炼、新型建材产业、农副产品生产加工的产业体系，构筑陕西城乡产业发展统筹示范区和晋陕豫黄河金三角地区经济增长点。

2）全域旅游时代发展背景（表6-24）

针对潼关县作为自然资源输出型城市特征，面对自然资源耗竭后期困境，结合当前中国已步入旅游时代的大背景，依托黄河沿线重要节点城市的特殊区位与特色资源，降低县域一产、二产比重，将支柱产业调整为黄金工业、旅游业、物流业，基础产业调整为种植业、养殖业、农副产品加工、研发展示、新型制造业、科技研发。充分发挥特色农业资源优势，以农业和农村经济结构调整优化为重点，打造潼关故城、黄河风情、黄金生产三大旅游板块，实现旅游产业的跨越式发展，以旅游为龙头服务业，壮大金融业、养生产业、养老产业、文化相关产业等新兴第三产业，发展寻求替代产业实现战略转移。

潼关县产业结构优化一览表 表6-24

产业类型	产业名称	产业引导
支柱产业	黄金工业	黄金勘测、黄金开采、黄金加工、黄金销售
	旅游业	民俗游、乡村旅游、生态旅游、休闲旅游、历史古迹游、黄金矿山探险游等
	物流业	集散、运输、仓储、监管等
	商贸金融	商贸、金融、保险、咨询等先进服务业等
基础产业	种植业	柿子、核桃、花椒、红薯、粮食等农作物、设施农业、农业高新技术产业等
	养殖业	南美雁、鹅、土鸡、羊、猪、种鸭等特色养殖和传统养殖
	农副产品加工业	面粉加工、蔬菜加工、肉制品加工等
	新型制造业	有色金属冶炼、加工制造、精细加工等
	研发展示	产品研发—试验—推广、科普教育等

资料来源：根据相关资料绘制

3）各级规划编制陆续完成

截至2017年底潼关县城市总体规划、潼关县城乡一体化建设规划、潼关县城乡统筹规划、潼关县村庄布点规划等相继修编完成，依据社会经济发展背景，对城镇体系的等级、规模、职能等做出合理界定，对城市性质、发展方向做出预判。

4）基础设施建设不断推进

由于区域重大基础设施的建设，区域城乡发展进入新阶段，完善交通网络建设即两条国道（国道310、西潼高速）、四条县道（北赤路、港安路、港李路、潼洛路）、十一条乡道，形成横跨东西、纵贯南北的大字形道路框架，对县域各村镇的发展方向、城乡产业布局产生重大影响。开通12条连通全县乡镇的公交线路，为县域城镇招商引资与对外开放创造了条件。

（4）城乡关系重组

1）城镇体系重组与城镇职能调整

现状城镇体系是县域中心城市—重点镇——般镇—中心村—基层村五级。重组为县域中心城市—县域副中心—重点镇——般镇—社区—基层村六级城镇体系。县域中心城市是城关镇所在地，县域副中心为秦东镇，自秦代就是"四固之塞"第一关，位于黄河、渭河川道，依托区位优势与黄河旅游资源成为县域商贸旅游物流中心。重点镇为桐峪镇，继续发展黄金采掘。一般镇太要镇、代字营镇、安乐镇。通过现状中心村与基层村合并整合，建设新型农村社区 26 个，基层村缩减至 62 个。

2）产业结构优化与产业格局转型

①产业结构优化

产业转型方向降低一产、二产比例。坚持稳定粮食生产，突出发展果菜业，做大做强畜牧业，积极推进设施农业发展，转变农业增长方式，创新农业经营机制，促进农业产业化经营，促进传统农业向现代农业转变[275]。建设县域农业现代产业示范区，实现农业的经济市场化和投资主体社会化。建设绿色有机养殖，在秦岭沿线养猪，加大肉鸡、蛋鸡的养殖，扩大现有果畜的种植养殖规模，加强经济林和核桃林的种植（图 6-30）。

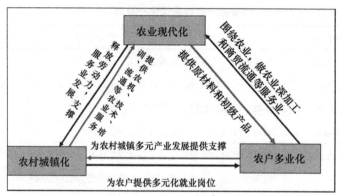

图 6-30　潼关县农业产业转型发展模式图

图片来源：根据《潼关县城乡统筹规划（2013-2020）》改绘

促进矿产、旅游资源充分利用，将支柱产业调整为黄金工业、旅游业、物流业，基础产业调整为种植业、养殖业、农副产品加工、研发展示、新型制造业、科技研发。加快黄金工业循环经济区与西潼峪科技示范园建设，构建黄金等金属循环利用、铅锌、硫化工循环经济产业链。依托黄金工业集中区，打造黄金产业集群，延长黄金产业链，推进产业资源由单一开发向综合开发转型，提高资源精深加工度和综合利用水平。推进矿产资源整合，以西潼峪尾矿开发示范园为重点，加强尾矿综合开发利用，打造"潼关黄金"（通金）品牌，建设西部黄金产品集散地（图 6-31）。

潼关作为沿黄生态旅游带的重要节点，围绕"三黄三古"，把旅游纳入华山旅游精品区宏观思考，突出军事关隘文化、黄河风情文化、黄金文化主题，打造历史文化游览、黄渭河风情生态文化游、黄金工业文化游。沿黄生态旅游经济带开发历史文化之旅、自然风光之旅等游线。将单一观光型旅游向参与型休闲型旅游、点式旅游模式向面式旅游转变（图 6-32）。

②产业格局转型

a. 农业产业格局转型

建构三大农业区即黄、渭河沿岸粮棉林鱼菜区、台塬粮棉果菜区、秦岭粮薯牧副区。强力推进高效农牧、观光农业、设施农业发展，更改低效种植区耕种导向，打造绿色农牧

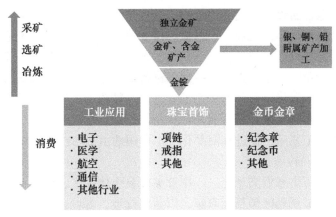

图 6-31　潼关县黄金产业链拓展模式图

图片来源：作者自绘

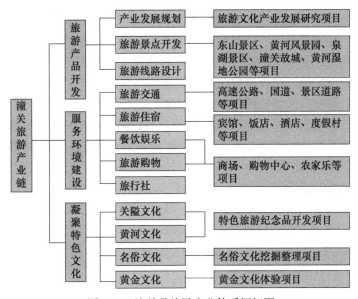

图 6-32　潼关县旅游产业体系框架图

图片来源：根据《潼关县城乡统筹规划（2013-2020）》改绘

产业区。农业种植用地由 680hm^2 缩减至 520hm^2。依据种植作物品种和特色，形成沿河谷川道的种植业发展带和特色养殖畜牧生产基地。

代字营镇引进小麦玉米优良品种。在城关镇东部、代字营西北部、秦东镇南部、安乐镇建立规模苹果基地。在安乐镇、峒峪镇、金井河形成两大核桃板栗发展基地。在秦东镇南部、太要镇南部、桐峪镇北部大力发展连翘、丹参等适销对路药材的种植。形成以城关、代子营、太要为重点的优质生猪生产基地，以城关为重点的无公害禽蛋生产基地，促进各类生产要素向优势区域、特色优势产品集聚。

b. 工业产业格局转型

强化黄金相关产业，整合黄金加工用地，依托秦岭山地资源开发旅游。取消现状高污染制造业与机械加工业，以现代物流、黄金加工为工业支柱产业，以"潼关黄金"品牌为主，打造多种金属综合回收、提纯、加工和"三废"综合利用的清洁生产园区。

辅助发展农副林特产品加工业，以县城和重点镇为依托，形成"两心一区两基地"的工业空间格局。两心是以县城潼关县城为依托的黄金工业园区加工区与秦东黄金物流产业园，打造成黄河金三角物流重点地带。一区即秦岭黄金工业园区，以黄金等矿产资源开发为主。两基地包括中部以代字营镇为中心的农副产品精深加工生产基地和南部以安乐镇为中心的林特产品加工生产基地。结合旅游产业特点，通过对矿石、采矿物品、低价值金属进行深加工制成精制工艺品，促进其商品化。工业用地由 26.3km^2 缩减至 19.75km^2。

c. 旅游商贸业格局转型

构建北部沿黄渭河生态人文观光区、中部关中乡土休闲区、南部黄金文化体验区三大旅游区。北部生态人文观光区包括秦东镇，以黄河湿地、古城遗址为主要特色，是潼关旅游的优先开发区，集文化体验、休闲观光、旅游服务等于一体。中部关中乡土休闲区包括城关镇、代字营镇，以特色购物商业街、水利公园为主要特色，集城市休闲、文化体验、旅游集散、旅游服务等于一体。南部黄金文化体验区包括安乐镇、太要镇和桐峪镇，以黄金购物旅游、宗教体验、矿山遗址旅游为主要特色，是旅游引导发展区。

依托县域中心城市凸显潼关古城集散核心功能。依托秦东镇与古黄河渡口人文资源，打造一条滨水休闲和历史人文游览轴。依托秦岭山地生态资源与现状黄金加工产业基础，形成南部黄金文化体验轴。结合秦东镇的区位条件，打造潼关国家级物流园区，利用潼关处于西安、太原、郑州三大经济圈优势，形成集农副产品、新型建材、黄金等的仓储、运输、保管、包装、流通加工、信息交流等各种业务功能于一体，兼具整合带动区域资源、促进地区经济发展等社会功能，立足晋陕豫黄河金三角地区的综合服务型现代物流园区。

3）人口规模等级引导

①人口分布与等级规模现状

全县总人口 16 万，平均人口密度 300 人 /km^2。县域中心城区总人口 3.8 万、太要镇2.9 万、代字营镇 2.8 万、秦东镇 3.3 万、桐峪镇 2 万、安乐镇 1.2 万。中心城区、太要镇、代字营镇和秦东镇人口分布较集中，桐峪镇、安乐镇人口分布相对分散。乡村人口 6.65万人，平均行政村人口 791 人。

②人口分布特征（表 6-25）

潼关县现状乡村数量与人口密度一览表　　　　　　表 6-25

乡镇	行政村总个数	耕地（亩）	人口密度（人 /km^2）
城关镇	上屯、下屯、五虎张、南寨子、周家城、段名、管南、税南、亢家寨、吴村社区、桃林社区、金陡社区、兴隆社区、秦岭社区、三堡、吴村等	22342	1113.8
太要镇	西保障、老虎城、太峪口、窑上、太要社区、南巡、欧家、南歇马、西太渡、寺底村、太峪等		406.1
秦东镇	西北村、十里铺、港口社区、南街、凹里、荒移、寺角营、杨家庄、南刘、苏家村、西厥、金盆等 12 个	20415.4	286.3
桐峪镇	桐峪、小口、马口、沟西、安上、李家、善车口、东官、党家、善车峪等 10 个	11880	337.3
安乐乡	潼峪、水星、毛沟、蒿岔、马吉、东柳、寨子、街子、马涧、西柳、安乐社区等 11 个	16354	—

乡镇	行政村总个数	耕地（亩）	人口密度（人/km²）
高桥乡	张尧、西崖子、四知、樊家、公庄、桃林寨、小泉、高桥、税村、北营、杨村、南营、三河、布施河等 14 个	2580	363.1
代字营镇	代字营、北歇马、川城子、姚青、西埝、东埝、西姚、北洞等 8 个	18422	—
南头乡	坡头、东马、东里、上汾井、下汾井、留果、万家岭、上北头、下北头、南头等 10 个	25000	469.3

资料来源：（1）潼关县统计年鉴（2017）；（2）人口密度数据来源《潼关县城乡统筹规划（2013-2020）》

a. 各建制镇人口等级呈等差递增规律

中心城区、太要镇、代字营镇和秦东镇人口分布较集中，桐峪镇、安乐镇人口分布相对分散。

b. 人口规模整体偏小，乡村人口规模较小

由于经济发展落后，造成乡村数量较少，乡村人口规模相对较小。平均在 1800 人左右，55% 行政村人口集中在 2000 人左右，35% 行政村人口集中在 1500～2000 之间，5% 行政村人口少于 1500 人，5% 行政村人口在 2500 人左右。

③ 人口流动引导机制

a. 统筹城乡整体资源，以产业带动城乡整体发展与人口转移

关注"城乡一体化"和"区域空间管制"的推进，支持经济社会发展，保障城市健康发展，加快推进城镇化，提升城镇化发展质量。对城乡空间按照因地制宜、适度集聚、保护地方特色的原则进行全面统筹。加快推进中心镇与中心村建设，积极进行乡村合理布点和建设。

b. 加快基础设施建设和公共服务设施的配置，有效推动人口转移

以交通公路网为依托建设 6 个镇的一级道路，30 条 84 个行政村的三级道路，实现行政村通路率达 100%。以县域中心医院、乡镇卫生院和村级卫生所为依托，加快城乡基础设施建设，围绕推进乡公共服务均等化，着力提升基础设施、农村社会保障、农村教育事业、农村卫生事业以及农村文体事业水平。

④ 人口发展预测（表 6-26）

潼关县城乡人口发展预测一览表（单位：万人）　　　　　　　　　表 6-26

镇区	2020 年			2030 年		
	常住人口	城镇	乡村	常住人口	城镇	乡村
县域中心城市	4.5	3.21	1.29	5.31	3.98	1.33
太要镇	2.55	1.38	1.17	2.03	1.45	0.58
代字营镇	1.94	0.51	1.43	1.03	0.78	0.25
秦东镇	2.98	1.16	1.82	2.29	1.32	0.97
桐峪镇	1.71	0.64	1.07	1.45	0.83	0.62
安乐镇	0.88	0.23	0.65	0.67	0.27	0.40
总计	14.56	7.13	7.43	13.28	8.63	4.65

图表来源：作者自绘

a. 乡村人口缩减

引导潼关县域乡村建设用地整合及人口缩减，对改善完善型开展迁村并点与美丽乡村及社区建设，对整体搬迁型进行移民搬迁，对共建整合型进行控制发展，有效引导农民集中建设与居住。通过对县域乡村人口出生率与外出务工调查得知，县域乡村人口平均增长率为5‰，远期自然增长率下降至3‰。近期平均外出务工率为18%，随着工业产业向旅游产业转型，外出务工率增长幅度趋于平稳，远期人口转化率为15%。通过 $P_n = P_0 \times (1 - r_1) \times (1 + r_2)^n$ 计算，其中 P_1 为预测人口，P_0 为总户籍人口，r_1 为外出务工率，r_2 为自然增长率，n 为预测年限。到2020年县域人口平均缩减率20%，到2030年县域人口平均缩减率30%。

b. 人口发展预测

县域人口向中心城区及各建制镇转移，但整体县域呈现减少趋势。截至2016年县域总人口16万，到2020年总人口缩减至14.56万，到2030年总人口缩减至13.28万，总缩减率为17%，乡村人口缩减率为30%。

6.3.3 城乡空间结构转型

（1）城乡空间绩效评估

根据《中国城市统计年鉴2016》《中国乡村统计年鉴2016》《中国县市社会经济统计年鉴2016》《陕西省统计年鉴2016》《潼关县统计年鉴》《潼关县总体规划2014》《潼关县城乡一体化规划2010》《政府工作报告2016》进行指标提取（表6-27）。

潼关县城乡空间绩效指标表　　　　　　表6-27

指标	潼关	指标	潼关
X1	9231	Y1	146.1
X2	18961	Y2	137183
X3	823	Y3	78.8
X4	30	Y4	16.3
X5	6207	Y5	73
X6	48	Y6	70.6
X7	458	Y7	32207
X8	1733	Y8	43.2
X9	1.5	Y9	11.56
X10	75	Y10	25.7
X11	22800	Y11	64
X12	9.64	Y12	36.4
X13	21371	Y13	70
—	—	Y14	60

图表来源：作者自绘

1）BBC模型测算（表6-28）

潼关县城乡空间绩效测算值　　　　　　　　　　表 6-28

地区	综合效率	技术效率	规模效率	规模收益
潼关县域	1	1	1	规模效率不变

图表来源：作者自绘

DEA 模式中如果投入产出指标过多或 DMU 单元相对指标数量较少，会导致效率值均为 1，须对评价指标因子进行降维处理。

2）因子降维（表 6-29）

运用 SPSS 软件对因子进行处理，非期望值指标 Y3，Y8，Y10，Y12，Y13，其产值越大，对效率实际贡献越小，不符合 DEA 模式的评估目的。在运算时对非期望指标因子进行倒数计算，可较好反正空间绩效模式。

潼关县城乡空间降维后空间绩效指标表　　　　　　表 6-29

指标	潼关	指标	潼关
X1	9231	Y1	146.1
X6	48	Y2	137183
X7	458	Y4	16.3
X8	1733	Y5	73
X10	75	Y6	70.6
X11	22800	Y7	32207
X12	9.64	Y9	11.56
X13	21371	Y11	64
—	—	Y14	60

资料来源：作者自绘

3）模型计算

降维后将指标代入 SBM 模型进行计算（表 6-30）。

$$\mathrm{Min}\,\rho = \frac{1 - \dfrac{1}{m}\sum_{i=1}^{m}\dfrac{s_i^-}{x_{io}}}{1 + \dfrac{1}{s}\sum_{r=1}^{m}\dfrac{s_r^+}{y_{ro}}}$$

潼关县城乡空间降维后空间绩效值　　　　　　　　表 6-30

地区	综合效率	技术效率	规模效率	规模收益
潼关县域	0.683	0.571	0.488	规模效率递减

资料来源：作者自绘

其中综合技术效率由两部分组成，综合技术效率＝纯技术效率 × 规模效率。潼关县综合技术效率为 0.68，表明潼关县域整体发展水平适中发展。随着县域产业结构转型及工业产业的投入加大，带动人口城镇化及就业的提升，环境保护的投入增大，城乡空间逐步优化。

（2）城乡建设用地演变

1）现状城乡建设用地

县域总面积 526km²，城乡建设用地 68km²，占总面积 12.9%。其中城镇建设用地 28km²，占城乡建设用地的 41%。乡村建设用地 40km²，占城乡建设用地的 59%。县域中心城市建成区 18km²，占城乡建设用地的 26%。

2）分布特征

工业用地总面积 430hm²，黄金相关产业占总工业用地面积 30%。以黄金加工为工业支柱产业，以有色金属冶炼、加工制造、新型建材、农副产品加工业为基础工业产业。旅游设施用地规模不大，商贸业集中在各建制镇镇区与中心城市城区范围内。全县域耕地总面积 680hm²，种植业面积占 75%，包括柿子、核桃、花椒、红薯、粮食等农作物。设施农业占总耕地面积 10%，畜牧业占耕地面积 15%，发展美雁、鹅、土鸡、羊、猪、种鸭等特色养殖和传统养殖。

村庄居民点地域分布不平衡，县域北部和中部地区的城镇和村庄密度较大，南部密度较低。在空间分布上地域差异大，规模、职能不均等，沿交通线多为综合型乡镇，且数量多、规模较大。沿矿产资源开发多为工矿型城镇，其余地区均为传统农业型乡镇。中心村对周边自然村人口缺乏吸引力，建设水平与一般自然村差距不明显。村庄与城市发展要求存在矛盾，阻碍城乡统筹发展进度。

3）城乡建设用地发展预测（表 6-31）

潼关县城乡建设用地演变一览表（单位：hm²）　　　　　表 6-31

镇　区	2020 年		2030 年	
	城镇建设用地	村庄建设用地	城镇建设用地	村庄建设用地
县域中心城市	1840	380	2024	312
太要镇	995	520	1150	428
代字营镇	860	470	880	388
秦东镇	920	440	1056	362
桐峪镇	530	460	574	379
安乐镇	378	410	380	337
总计	5523	2683	5786	2210

图表来源：作者自绘

① 城镇建设用地演变

由于人口出生率降低、非农人口外出务工率增高综合因素影响，村庄建设用地逐年降低，村庄建设用地由 31.56km² 缩减至 22.1km²。城镇建设用地由 52.6km² 增加至 57.86km²。随着工业用地整合原园区发展建设，工业用地由 26.3km² 缩减至 19.75km²，园区面积增加至 5km²。

② 乡村建设用地缩减

随着乡村人口缩减、非农人口外出务工率增高综合因素影响，在人均建设用地标准不变的前提下，村庄建设用地逐年降低。乡村建设用地至 2020 年缩减 20%，至 2030 年缩减 30%。由 31.56km² 缩减至 22.1km²。结合乡村建设用地的缩减预测，有效引导村民小组集中建设，对行政村域内规模较小的村民小组整合与复垦。最终 84 个行政村缩减至 59 个，迁并 20 个，复垦 5 个。

（3）乡村类型化营建

1）乡村发展分区

根据潼关县域乡村人口规模、经济产业现状及分布区位确定乡村营建类型与分区，包括整体搬迁型、共建整合型、改造完善型三类。

① 整体搬迁型

地处秦岭山区，人口规模小于 1500 人，年经济收入小于 3000 元。山地 45 度坡度以上，黄河风景名胜区、文物保护区范围内，距离行政村中心较远，发展条件较差，基础设施配套较困难的自然村。迁移行政村 5 个，即南寨子（受地质灾害或其他自然灾害影响严重）、太峪口（地处偏远山区，交通不便）、北歇马（距离行政村中心较远，且发展条件较差，基础设施配套较困难的自然村）、潼峪（地处偏远山区，交通不便）。建立镇区标准化社区和新型农村社区，主要安置在镇区内及紧邻镇区的村庄。

② 共建整合型

共涉及 20 个行政村，发展条件差的村庄向发展条件优越的村庄迁并，一般村落向交通便利的村落集中，经济落后村向大规模村落集中，配合中心村建设，远期发展成为城市社区村庄。不再编制建设规划与村庄住宅建设或基础设施、配套设施建设。村庄安置需服从城市总体规划，建设按照城市居住区标准进行。沿交通通道、沿河、沿路集中建设居民点、村庄和集镇，引导村民向城镇靠拢，完善基础设施，改善农村人居环境。

③ 改造完善型

全县改造完善性村庄共 59 个。具有相对稳定人口规模和经济收入，村庄建设具有一定规模与基础，需进行保护的村庄。制定村庄开发技术导则，明确强制性内容、控制性内容、引导性内容。有序引导基础设施修建、公共服务设施配备与景观风貌提升。

2）中心村营建

依托现状中心村并选择人口规模在 2000 人以上的基层村发展成为中心村，按照中心村的建设标准进行基础设施、商业设施、公共服务设施配套，使之成为地域内基层中心。加强中心村与镇、县域中心城区道路网建设，促进城区—镇—中心村的三级要素流通体系（表 6-32）。

潼关县中心村现状统计表　　　　　　　　表 6-32

乡镇名称	个数	中心村
城关镇	6	段名、税南、吴村、吴村社区、桃林社区、周家城
桐峪镇	3	马口、善车口、桐峪
太要镇	4	老虎城、太要社区、南巡、欧家
秦东镇	5	十里铺、港口、南刘、西厫、苏家村
安乐乡	3	马吉、东柳、寨子
代字营乡	4	代字营、西姚、北洞、东埝
南头乡	3	东马、留果、南头
高桥乡	4	四知、高桥、布施河、南营

资料来源：潼关县统计年鉴（2017）

3）特色村营建

对县域内具备独特的生态、环境、文化或产业等特色的乡村筛选 8 个进行重点营建。依托现有资源重新梳理乡村产业，重塑乡村建筑风貌，明确建筑色彩、风格、高度等。增设旅游配套设施，包括客栈、特色餐饮农家乐等。提升村民人居环境品质、旅游设施基础，有序发展乡村产业。

（4）城乡空间结构转型

最终构成一城两翼四片区的城乡总体发展格局。"一城"即潼关县城。两翼中北翼为黄、渭河沿岸发展带，依托连霍高速、319 县道及同蒲铁路潼关段，形成旅游发展带。南翼为秦岭沿线发展带，依托 310 国道、陇海铁路与 203 县道、204 县道及乡道形成黄金产业带。"四区"包括中部发展区，主要以商贸服务业、交通运输业等第三产业为主。北部发展区以秦东镇为中心，利用潼关人文历史资源和交通区位，结合地理条件、区位优势发展以农副产品集散地为主的物流中心。南部发展区包括安乐乡、太要镇、桐峪镇，以黄金矿的生产加工为龙头打造黄金贸易区。南部保护区属于秦岭山地，林、草、矿产资源丰富，发展林业、牧业。

6.4 本章小结

在新型城镇化背景下县域城乡空间转型模式研究的基础上，本章选取富平县域、蒲城县域、潼关县域作为实证对象。探讨各县域城镇体系重组、城乡产业体系转型、人口规模等级转型、城乡建设用地演变以及城乡空间结构转型特征与机制，客观认知关中县域的城乡空间结构发展本质特点。

第7章 关中县域城乡空间结构转型发展的规划策略

关中县域城乡空间结构转型发展要坚持以创新、协调、绿色、开发、共享的发展理念为引领，充分借鉴国内外先发地区城乡空间结构转型发展的经验，符合关中县域发展理念，以先进规划技术为手段，围绕关中县域城乡空间结构转型模式与推进路径，探讨空间规划技术创新策略、规划空间管制策略、规划实施管理机制策略，对城乡空间结构转型发展进行策略补充（图7-1）。

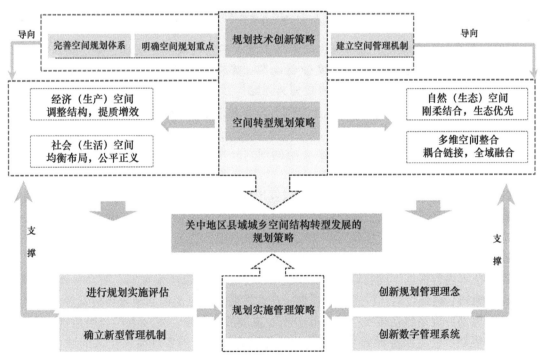

图 7-1 关中县域城乡空间结构转型发展的规划策略框架图

图片来源：作者自绘

7.1 规划技术创新策略

规划技术创新策略是关中县域城乡空间结构转型的重要技术支撑，建立完善合理的规划体系，从规划编制阶段对城乡发展进行管控，对城乡空间结构转型进行有效引导。

7.1.1 完善空间规划体系

（1）完善县域内不同层级且全覆盖的空间规划体系（图7-2）

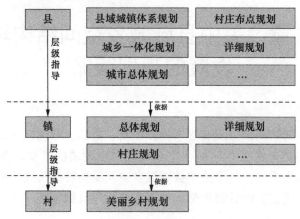

图7-2 关中县域空间规划体系框架图

图片来源：作者自绘

2013年《中共中央关于全面深化改革若干重大问题的决定》提出，要"建立空间规划体系，划定生产、生活、生态开发管制边界，落实用途管制"[276]。2014年《生态文明体制改革总体方案》构建"以空间规划为基础、以空间治理和空间结构优化为主要内容[277]，以用途关注为主要手段的国土空间开发保护制度"。2018年《中共中央关于深化党和国家机构改革的决定》提出要"统一行使全民所有自然资源资产所有者职责，强化国土空间规划对各专项规划的指导作用"。空间规划分为国家、省、市县（设区的市空间规划范围为市辖区）三级。

针对关中各县域规划体系差异，基于城乡规划的技术要求与发展导向，明确各县域空间规划的编制标准，架构统一的规划技术体系与规划技术导则，解决城乡空间规划缺乏统一标准指导的窘境[278]，达到不同层级规划的全域覆盖。遵照"技术纲领—技术内容—技术路线"的规划思路落实空间规划，加强省级规划对于市县空间规划调控与统筹。

其中技术内容根据不同行政层级而制定，涉及县域城镇体系规划、城乡一体化规划、城市总体规划、详细规划、村庄布点规划、产业发展规划以及根据地方经济发展需求而制定的相关规划。规划包括城乡空间现状分析、发展战略制定、发展人口与用地规模测算、空间布局规划、公共服务设施与基础设施规划。在规划区内实现覆盖全域的城乡空间布局，促进规划区规划落实。其中规划区是指城市、镇、村庄建成区以及因城乡建设和发展需要，实行规划控制的区域。规划区内包括可开发建设和不可开发建设的用地，弹性城市开发边界不可超出规划区范围[279]。最终将所有规划作用于土地空间之上，通过规划手段将资源整合实现更好配置，建构县域城乡空间建设引导，为县域空间管理提供充足依据。

（2）推动县域多规合一改革并扩大试点（图7-3）

2014年国家发改委颁布《关于开展市县"多规合一"试点工作的通知》[280]，按照中办、国办有关工作部署，国家发展改革委、国土资源部、环境保护部、住房城乡建设部等部委将联合开展市县"多规合一"试点工作。推动经济社会发展规划、城乡规划、土地利

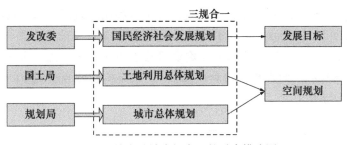

图 7-3　关中县域多规合一的融合模式图

图片来源：根据相关资料改绘

用规划、生态环境保护规划"多规合一"，实现一县一张蓝图的目标。本质是国民经济社会发展规划、城市总体规划、土地利用规划的三规合一，是基于全域城乡土地上经济、社会、生态的空间布局的衔接，是平衡社会利益分配、有效配置土地资源、促进土地节约集约利用和提高政府行政效能的有效手段[281]。

　　承接全国"多规合一"改革试点任务，富平县作为住建部确定的 8 个"多规合一"试点市县之一，探索多规合一规划技术范畴，最终实现全域规划管控。以国民经济发展规划为经济发展目标，以城市总体规划、土地利用规划作为空间规划的主体，明确三者的管控底线、职能范畴，促成三者同步编制互相协调，实现一张蓝图空间全覆盖。从"多规合一"转向空间综合规划的编制创新，通过富平试点引领，扩展至其他关中县域多规合一规划覆盖。

　　建立统一的规划编制平台，采用统一规划技术平台、坐标系统、用地分类标准，避免土地利用规划与城市总体规划因坐标系统的不同而导致信息收集的差异。目前关中县域中城市总体规划采用《城市用地分类与规划建设用地标准》，用地分为两大类，建设用地分为八大类。土地利用总体规划分类采用《市县乡级土地利用总体规划编制规程》，土地分为三大类，坐标系统采用西安 80 坐标系统。因两者技术标准的差异导致地理信息的整合缺少统一的平台和坐标系统[282]，最终采用"2000 国家大地坐标系"，推进国土资源数据应用与共享。

（3）明确县域内空间分区并进行分区管制引导（图 7-4）

　　将县域空间进行空间管控区划类型划分，针对不同分区进行建设控制与生态保护，节约集约利用资源，引导城乡产业集聚，构建安全人居环境。明确空间管制分区，是规划"底线思维"的体现。空间分区主要分禁止开发区、限制开发区、优先开发区、重点开发区。其中禁止开发区不得进行任何对生态有影响的建设活动。限制开发区生态系统较脆弱，需协调好环境与经济发展之间的关系，建设活动进行严格控制。优先开发区需要培育地区经济增长点，通过辐射实现地区繁荣发展。范围涉及中心城区、建制镇镇区以及具有规模的工业园区和农业园区。重点开发区包括重大景观风貌展示区和乡村地区及具有带动作用的中心村。

　　针对不同分区进行不同标准的控制，生态容量承载力包括水资源承载力、能源保障能力、环境容量。针对不同生态分区进行不同标准的生态容量控制，进行适量与生态保护相容的发展，避免开发建设的冒进。在生态最大容量下，达到经济、社会与生态的融合发展[283]。针对优先建设区和重点发展区的城乡建设用地进行合理管制，达到设施配套和效益提升的目的，提高资源利用效率，尤其是提升土地利用的效率。以蒲城县为例，县域中心城区用地面积为 18.25 平方公里，其中城市建设用地（已建设用地）合计 10.30 平方公里，占总用地的 51.42%；其他用地（可建设用地）7.95 平方公里，占总用地的 48.58%。城区的土地开发还有相当的发展空间和弹性[284]。最终构建城乡全域空间管制体系，细化空间管制与建设引导要求。

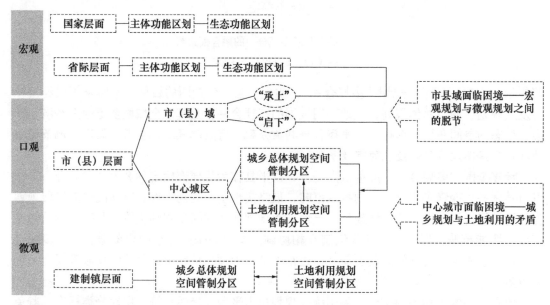

图 7-4　空间管制区划类型关系图

图片来源：潘悦，程超等，基于规划协同的市（县）空间管制区划研究［J］.城市规划，2017，24（3）：1-8

7.1.2　明确空间规划重点

（1）针对不同层级制定相应的规划内容

以空间规划体系为基础，统筹编制空间规划的技术路径与编制内容，明确编制重点，最终编制形成融合发展与布局合理、开发与保护为一体的规划蓝图。将不同规划体系所涉及相同内容统一起来，落实到一个共同的空间规划平台上，各规划的其他内容按相关专业要求各自补充完成[285]，实现各规划之间衔接，最终指导城乡空间布局。

1）区域层面

充分结合国家和省、市宏观社会、经济发展战略要求以及生产力布局和资源开发利用的要求，根据地方资源特征，明确城市未来的经济和社会发展战略。研究、落实、深化关中各县在国家、关中—天水经济区、大西安都市圈及渭南中心城市的节点作用与发展导向，推进各县之间规划衔接，包括重大基础设施、交通设施与生态环境保护规划相互协调，推动区域经济分工与合作、区域经济发展[286]。例如蒲城县注重与渭南临渭区、富平县、白水县、大荔县等地的区域协调发展。

2）县域层面

摒弃以往单纯追求制定较大规划发展目标的做法，在生态环境与社会经济发展协调的基础上，制定匹配发展规模的规划，充分利用土地资源，形成全面覆盖、科学引导的城乡规划体系[287]。确保城市相关规划中强制性内容的落实，划定城市发展分区，根据分区制定发展与管控要求。促进全县域乡村的迁并，确定社区选址，推进乡村景观整治与提升。坚持县域城乡一体的发展思路，促进人口在县域内向中心城市与各建制镇镇区集中，构建等级合理的城镇体系与空间布局。有效引导县域范围内基础设施与公共服务设施在乡村地区均等化配置，城市文明向乡村居民点延伸，以近期重点项目为抓手引导城乡近期重点建设。

3）镇域层面

合理制定镇级各规划，明确镇区建设范围、开发边界、人口规模、用地规模，制定合理的城镇发展目标，将目标进行合理与阶段性分解。科学布局商业设施、文化娱乐设施、公共服务设施、基础设施布局，明确近期建设重点与城镇开发时序。严格控制城乡非建设用地范围，确保生态环境不被破坏。

（2）针对不同规划制定相应的规划重点内容

1）产业体系规划

产业体系规划涉及县总体规划、镇总体规划、国民经济发展规划及相关产业专项规划。

① 促进农业产业规模化经营

关中大多数县主导产业为传统农业。有效引导传统农业向现代化发展，构建新型农业产业经营体系，吸引大型企业、专业大户、家庭农场、专业合作社扩大经营规模，落实集体所有权、稳定农户承包权、放活土地经营权[288]。推进全县域土地流转，通过规模化生产引导"一县一品"农产品化建设，优化农业产业空间布局，打造产品品牌，如大荔冬枣、富平柿饼、蒲城酥梨、周至猕猴桃、户县沪太八号葡萄等。

② 促进工业产业集群化发展

由于关中各县域工业产业发展薄弱，现状以矿产采掘、机械加工与煤化工为主的污染型工业，对县域生态环境影响较大。构建循环经济产业系统，引导产业集群化发展，构建循环资源利用产业链，推动产业向绿色低碳生态方向发展。

③ 健全服务产业经营体系

在新型城镇化背景下拓展关中县域产业体系，构建县域商贸流通、观光旅游、服务配套、科研培训等产业体系，将政府指导和市场引导结合，促进功能完善、设施完备、辐射力强的区域性产品流通网络形成。

2）交通体系规划

关中地区交通网络体系已经建立，但交通网络仅能覆盖到中心城市与重点县域的中心城市，造成地区发展不均衡。因此应打破县域行政范围，在整体关中地区建立高速公路、国道、省道、高速铁路、普通铁路、航空港等交通网络体系。在县域尺度上增加道路网密度，提高道路等级，建设整体高效区域路网体系。由于关中县域经济发展水平相对较弱，应健全公共交通体系，开展城乡客运一体化设施建设，完善"市—县—镇—村"四级交通网络体系，实现行政村通车率达100%，乡村客运营运方式公交化率达50%以上。

3）公共服务设施规划

完善县域中心城市的公共服务设施配套，县域中心城市与镇根据城市编制标准，参照人口规模完善公共设施体系配置标准。乡村社区根据人口规模进行配套，实现城乡均等。中心村建立基本公共服务单元，包括商业、储蓄所、警务室、卫生室、养老院、村委会。

合理安排生产、道路、绿地等建筑与设施用地布局，促进教育、文化、卫生等公共设施和生活配套设施向乡村地区延伸，促进基础设施共建共享，提高资源利用效率[289]。关中县域内基础设施多配置在县域中心城市与重点镇，一般镇与乡村居民点配置率低，造成污水随意排放，环境品质差。完善基础设施规划体系，实现城镇排水雨污分流系统和村庄污水生态处理系统，生活污水处理率达到90%以上。构建县、镇、村三级城乡垃圾处理体系，生活垃圾无害化处理率达到95%以上。

7.1.3 建立空间管理机制

（1）强化规划实施力度

1）保障规划实施严肃性

按照"政府组织、专家领衔、部门合作、公众参与、科学决策"要求，改进规划编制工作方式，提高规划编制质量。健全规划决策机制，完善决策程序，加强规划审查和审批[290]，保障城乡规划的全面、有效实施。

2）明确城乡规划强制性内容

明确县域城乡总体规划中的强制性内容，制定适宜合理发展规模、县域城镇开发边界，划定保护区范围（生态保护区与生态敏感区、农田保护区、历史文化遗址保护区、地表与地下矿产区等范围），明确县域重大基础设施布局与走向。

3）保障规划全面实施

明确各级政府在组织编制和审批城乡规划、实施城乡规划方面的权力和责任，各级政府应依法行使各自的规划管理权、监督权。通过不同层级政府规划事权的划分，形成强有力的规划行政管理体制，保证城乡规划的有效实施。

（2）加大县域统筹力度

针对关中县域的农民产业转化，务工经商，劳动力转移的现实状况，不单一强调以乡村人口向城市转移为主体[291]，以镇村社区居民点建设和农业产业化的互动融合促进乡村地区城镇化。乡村居民点具有独特的人居优势和吸引力，是新型城镇化的重要组成部分。随着关中逐步落实国家相关政策以及扶贫安置工程、生态搬迁工程、迁村并点安置工程等为农村社区发展注入新的推力。

1）合理利用、优化配置县域内乡村土地资源

强化落实迁村并点与撤乡并镇的政策，引导乡村居民集中建设，对现状进行有序引导与整合，适度规模化发展农村社区，降低村民人均居住建设用地面积。根据城镇化进程，对集中拆迁安置后的乡村宅基地和向城镇工业园区集中后的乡村企业空留地及时整理，转化为农业用地。通过占补平衡、增减挂钩等措施，将部分乡村住宅建设用地和乡村企业用地转换为城镇建设用地，以保障城镇建设的用地需求[292]。

2）积极促进城乡生态融合发展

在保护现状城乡生态格局基础上，结合县域外围绿地，恢复县域内绿地斑块，增建中心城区、镇区的生态公园绿地，构建生态网络田园小城，促进城乡的生态融合，形成有序、健康、和谐的生态系统。

（3）建立规划监督机制

确立城市规划的权威性，保证总体规划顺利实施，健全规划监督检查制度[293]。包

括明确近期建设重点项目、县域重大基础设施与交通设施布局与走向。强化规划管理信息公开和公众参与，提高规划的科学性、民主性，保证政府从事城市规划管理行政行为，同时兼顾听取有关利益主体的呼声。加强对弱势群体的保护力度。

7.2　空间转型规划策略

空间转型规划策略见图 7-5。

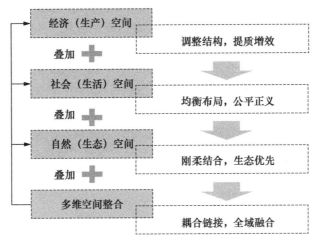

图 7-5　空间转型规划策略框架图

图片来源：作者自绘

7.2.1　经济（生产）空间：调整结构，提质增效

（1）深化区域产业协同发展，优化产业结构体系

随着新型城镇化深入，城乡发展空间需要更大"异地"发展空间，主要指随着区域之间、城乡之间开放合作水平的全面提升，依托地区资源优势与产业发展基础，引导区域内优势企业、人才、劳动力、资源等实现跨区域流通，建立合作发展机制、收益分享机制、共建共管运行机制、要素交流平台和流通机制，形成优势互补、错位发展、分工协作、协调有序、布局合理的产业发展新格局，促进产业协调区的发展。提升关中县域的整体发展速度与水平，打破现状独自发展的困局，强化合作关系，构建发展共同体，对冲发展过程中存在的风险。

顺应关中县域城乡经济发展中三产联动、产城融合的发展趋势，结合宏观产业发展带定位，理清关中各县产业发展脉络及现状基础，梳理县域优势与特色产业，合理分配"城—乡"产业发展所承担的主要职能，培育龙头企业促进产业向园区聚集，加快产业要素流通，提高产业分工合作效率，整体推进关中地区产业体系优化。合理布局产业类建设用地，促进县域内实现空间集约化、联动区域化布局。推进生态农业的专业化生产，以建制镇、县级农业产业定位，明确乡村农业转型方向，改变现状"一村一品"种植导向。推进乡村服务业网络化[294]，形成城乡分工合理、区域特色鲜明、生产要素和自然资源禀赋优势发挥的空间布局。

（2）培育产业发展引擎，促进产业空间合理布局

依托关中农业发展历史背景，培育关中县域特色产业品牌，壮大加工龙头企业，发挥农业产业关联效应，打造县域特色单品聚合集团。通过农业拓展到二产"接二"，提升农产品精深加工水平，推动加工副产物综合利用。拓展到三产"连三"，借助互联网发展电子商务、休闲农业和乡村旅游。依托杨凌示范区为载体推进农业供给侧结构性改革，促进农业科技研究院培育新品种技术，强化关中县域"粮食种植—果业种植—蔬菜种植—畜牧业养殖"的农业产业。

资源开发型县域需做长做精资源型产业，依托产业基础"围绕转化做规模、围绕规模做深加工"，发展战略性新兴产业。最终实现工业向不同区域、不同规模、不同类型园区集中。走高端化、特色化、集群化的发展道路，培植循环经济。将各级经济技术开发区、工业园区、科教园区纳入县级城市总体规划，实行集中统一空间规划部署[295]。

以产城融合理念引导产业与城镇共同发展，促进"新型工业化、人口城镇化、土地城镇化"协同发展，打造产业规模与城镇规模相匹配的"产—城"共同体。现代服务业向城镇各级中心集中，以现代服务业发展推动产业融合，实现城乡产业的联动发展。以创新园区发展为切入点打造产业协作平台，以经济技术开发区、工业园区、科教园区等为依托，促进农业现代化、工业集群化和现代服务业规模化的整体协同升级。

7.2.2 社会（生活）空间：均衡布局，公平正义

（1）培育县级增长极，预留城乡增长空间

截至 2017 年关中县域中所有建制镇的平均人口规模为不足 7000 人，人口超 1 万的建制镇不足 10%，超 3 万的建制镇仅 15 个。小城镇人口与用地规模较小，不能起到大城市与乡村的纽带与传输作用。培育发展特色乡镇成为关中县域乃至关中地区重点。加快县域中心城市产业转型升级，提高参与全球产业分工的层次，延伸面向腹地的产业和服务链[296]，健全以先进制造业、战略性新型产业、现代服务业为主的产业体系，提升要素集聚、科技创新、高端服务能力[297]。特色乡镇是关中县域城乡发展的重点区域，具有资源特色与区位优势的小城镇。通过引导培育文化旅游、商贸物流、资源加工、交通枢纽等发展专业化特色镇。距离县域中心城市较远的建制镇，完善基础设施和公共服务，发展成为服务乡村、带动周边的综合性小城镇[298]。推动建制镇发展与疏解大城市功能相结合[299]。农村社区是城乡空间结构基本单元，是聚集乡村人口、配置公共服务设施、带动乡村发展的节点。对经济条件好、人口规模较大的村，实行社区建设管理模式，建设社区综合服务中心。针对规模较小的行政村，采取将地域相近、产业相近的几个行政村联合起来开展社区建设。把多个乡村的服务、管理、人力资源整合起来，形成一个区域化的社会生活共同体[300]。

在培育增长极同时，预留城乡发展空间。当前中国城市空间增长进入转型发展阶段，将城乡看作一个有机的生命体，要充分考虑满足生长空间。从城市群、都市区、城乡区域、城市、乡村等角度综合考虑县域中心城区与建制镇镇区的规模，遵从城乡"此消彼长"空间发展规律。划定城乡空间开发边界，避免因追求生长造成城镇空间过大。城市增长边界作为空间增长管理的政策工具之一，通过刚性边界划定，制止城市无序扩大，盘活城镇内部闲置与低效空间，整合乡村闲散建设用地，引导城乡发展方向合理，形成有机疏

散、稳定永续的城乡空间。

（2）合理分配土地开发权，均衡布置公共服务设施及基础设施

空间正义是从"正义论"角度强调空间均等、发展机会均等，包括承载空间上土地开发权均等、公共服务设施均等、基础设施均等。目前关中县域内具有开发权建设用地只占县域总用地 15%，其他空间是水域保护区、生态绿地保护区、地质灾害区、基本农田区、历史遗址与文物保护区等，应合理配置城乡土地开发权，提高土地集约效率，促使县域整体发展的效益最大化。

构建城乡一体化全覆盖的基本公共服务设施网络，缓解城乡差距，促使乡村地区享有与城镇地区同等的教育、医疗、文化、社会福利等公共服务资源，提升乡村居民生活质量，特别是要改善师资力量不均衡、医疗设施与医护人员匮乏等局面。特色小城镇参照城市社区标准，配置学校、卫生院、敬老院、文化站、运动健身场地等公共服务设施，提高优质公共服务覆盖率，构建建制镇镇区基本生活圈。中心村、社区构建保障型生活圈，配置幼儿园、公共活动中心、卫生所、养老院、公共文化站、休闲小广场，大幅提高村镇公共交通通达率，实现校车、公交等绿色便捷出行。

（3）推动城乡综合治理，促进城乡要素流动

探索土地、劳动力等要素合理配置，坚持耕地保护红线和节约用地制度，各类用地使用必须符合国土规划、土地利用规划，推进关中城市群整体土地市场建设平台。以改革试点的方式，完善城乡建设用地增减挂钩政策，支持西安市高陵区深化农村土地三项制度改革试点，通过试点改革，全面推广居住证制度，加强统一的就业服务平台建设，推行各类专业标准的城市间统一认证认可，促进城市群内劳动力自由迁徙和流动。

公共政策学者约翰·伦尼·肖特认为"城市本质属性就在于优质公共服务的高度集聚特征"，城乡在公共服务设施的配置与公共服务的提供方式应当有所区别。同样城乡治理在这两方面有所差异，政府既要保障农村地区的基本公共服务需求，也要满足城市地区更高水平的公共服务需求。确立并完善平等赋权、底线标准、转移支付、空间规划、协商民主的制度安排。

7.2.3　自然（生态）空间：刚柔结合，生态优先

关中县域城乡空间结构转型注重划定并严守生态红线，确保生态环境脆弱、敏感区域不受破坏，优化生态安全格局，强化生态保护与修复，共谋区域环境治理，引领关中绿色发展。

（1）划定并严守生态红线，分类管控生态功能分区

根据关中各县域特征，将生态功能分为水源涵养保护区、综合防灾减灾控制区、自然生态保护区、带状廊道生态保护区、县域城乡生产协调区、城镇建设区、乡村建设区。在渭河、黄河、秦巴山地、陇东黄土高原等生态功能重要或生态环境敏感、脆弱的区域划定生态保护红线，涵盖国家级和省级禁止开发区域和严格保护的其他各类保护地，明确关中各县生态功能区分布（表 7-1）。森林植被覆盖率较高的区域，包括富平、白水、澄城、宜君、淳化、旬邑县域北部的北山山系自然保护区，凤翔、岐山、凤县、蓝田、周至、户县县域南部的秦岭生态保护区。综合防灾减灾控制区是指易发灾害的区域，包括洪水、泥石流、塌方、滑坡、沉陷等自然灾害。自然灾害频发区主要集中在台塬与山地区域，塌方主

要频发在台塬区，涉及白水、澄城、旬邑、淳化、长武县域台塬边缘区域。沉陷主要是指因煤炭资源开采过度造成沉陷，包括白水、彬县、旬邑。生态保护红线划定后，只增不减，确需调整的要严格履行报批程序。依托国家生态保护红线监管平台，实施综合监测，落实管控要求，做好勘界定标，维护好关中平原城市群可持续发展生命线。

关中县域城乡生态功能划分一览表 表 7-1

水源涵养保护区	自然生态保护区	综合防灾减灾控制区	带状廊道生态区	县域城乡生产区
黄河、渭河、浐河、灞河、千阳河、石川河、顺阳河、白水河、泾河	包括富平、白水、澄城、宜君、淳化、旬邑县域北部的北山山系自然保护区，凤翔、岐山、凤县、蓝田、周至、户县县域南部的秦岭生态保护区	塌方主要频发在台塬区，主要包括：白水、澄城、旬邑、淳化、长武县域台塬的边缘区域；沉陷区主要包括白水、彬县、旬邑	生态廊道、县域基础设施廊道、县域历史文化廊道	农产品与畜牧养殖产品供给区

资料来源：作者自绘

生态功能分区是根据区域生态环境要素、生态环境敏感性与生态服务功能空间分异规律，将区域划分为不同生态功能区的过程，以指导区域生态保护和建设、维护区域生态安全、资源合理利用与工农业生产布局[301]。强调生态优先的空间规划秩序。生态功能区规划尚属于非法定规划，为提高生态功能分区的法律地位，应纳入城市总体规划中，根据不同分区制定不同的保护标准、控制边界与发展方向。根据关中各县域特征，将生态功能分为水源涵养保护区、综合防灾减灾控制区、自然生态保护区、带状廊道生态保护区、县域城乡生产协调区、城镇建设区、乡村建设区。切实落实管控范围，建立城乡协调区、保护区、控制区的范围，提高管控有效性，加强地区协作。在涵养区、保护区内部的乡村结合近期县域转型重点进行搬迁（图 7-6）。

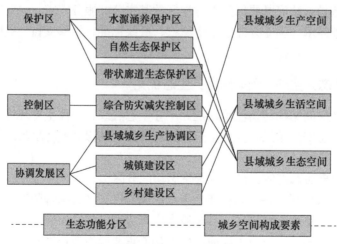

图 7-6 关中县域生态功能分区示意图

图片来源：作者自绘

（2）实施生态修复工程，共建区域生态安全格局（图 7-7）

实施生态修复工程，构建整体区域生态安全格局。打造绿色生态廊道，筑牢生态安全屏障，为可持续发展提供重要的生态保障。以秦巴山地及渭北、天水等黄土高原丘陵沟壑

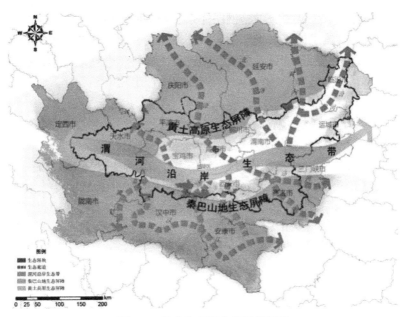

图 7-7　关中生态安全格局规划图

图片来源：《关中平原城镇群发展规划（2016-2030）》

区为重点，科学实施山水林田湖草生态保护修复工程。系统整治并修复湖泊、湿地、蓄滞洪区等生态功能重要区域。同时依据发展目标，建立生态补偿机制，推进经济收益与生态保护之间平衡。

坚持区域生态一体化建设，推动城市群内外生态建设联动，确保城市群生态安全。加强秦岭、黄河生态环境保护治理。构建南部秦巴山地生态屏障和北部黄土高原生态屏障，贯通中部渭河沿岸生态带，建设区域生态安全格局的主骨架。以黄河、渭河、洛河、泾河、白水河、石川河等为重点，划分自然保护区、水产种质资源保护区、湿地滩涂等重要生态斑块，强化各级自然保护区、地质公园、森林公园、湿地公园等管控和保护，建设好关中城镇群生态节点。

（3）共谋区域环境治理，提高生态承载能力

坚持生态优先的绿色发展，必须加大环境污染防治力度，在水、大气、土壤、垃圾污染防治中率先垂范，将关中地区建设成为环境友好型示范区。密切跟踪规划实施对区域、流域生态系统和环境以及人民健康产生的影响，重点对资源开发、城市建设、产业发展等方面可能产生的不良生态环境影响进行监测评估。对纳入规划的重大基础设施建设项目依法履行环评程序，严格执行水土保持方案制度，严格土地、环保准入，合理开展项目选址或线路走向设计。建立统一、高效的环境监测体系以及环境污染联合防治协调机制、环境联合执法监督机制、规划环评会商机制，实行最严格的环境保护制度。把环境影响问题作为规划评估重要内容，将评估结果作为规划相关内容完善重要依据。

从城乡空间的角度考虑关中地区生态承载力问题，首先必须打破行政壁垒，对内促进空间流动，加强内部资源的优化和重组，对外拓展空间结构，不断提升关中平原城市群吸引外部资源的能力。构建"关中地区城乡一体化空间"，打造"生态—生产—生活"多维要素流动空间体系，形成关中县域城乡空间转型发展所需要的信息网络体系、综合交通网络体系、生态网络体系、公共服务设施网络体系、经济网络体系、文化网络体系等，实现交通同网、能源同体、信息同享、生态同建、环境同治，使得区域等级空间结构呈现扁平网络化的特征，保障空间要素的最优配置，促进各要素科学合理地流动，提高城乡生态承载力。

7.2.4 多维空间整合：耦合链接，全域融合

(1) 网络结构耦合联动

城乡网络化是指城乡之间多种社会经济活动主体构成一个有序化的关联互动系统和运行过程，通过过程获得一种最大化的空间组织效应，内涵反映的是城乡发展的关联性和组织性[302]。县域内网络节点以城乡空间结构的"点要素"支撑，通过"线要素"包括交通、经济、信息、生态、文化等连接，促使区域职能分工合理，要素流转通畅，组织功能完善，构成维系城、镇、村网络系统共生共长的空间过程[303]。在城乡网络发展过程强调网络均等发展，合理布局城、镇、村等网络支撑节点均等分布，促进城市扩散效应均等。

网络化均衡发展是一体化价值导向下城乡空间的理想形态，空间中的点、线、面要素相互交织共同形成稳定性强、可恢复性高、功能绩效优的城乡空间[304]。关中地区城乡空间结构应从"生态—生产—生活"思维角度考虑，以"区域中心城市—次中心城市—重点镇——般镇—中心村"为依托，以生态廊道、产业廊道、城镇发展廊道、基础设施廊道为支撑，形成城镇职能体系分工明确，生态景观廊道贯穿全域，绿色创新产业纵横连接的网络化空间体系（图7-8）。

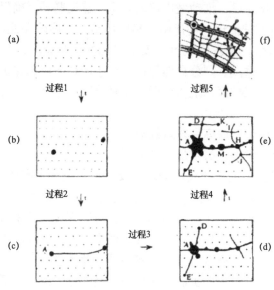

图7-8 空间网络化的叠加过程演进示意图

资料来源：刘晓芳. 城市群体空间网络化研究

——以长株潭地区为例 [D]. 长沙：中南大学，2009

(2) 实现城乡融合发展

通过不同要素叠加实现城乡网络发展，实现城乡融合一体。城乡融合是实现新型城镇

化和乡村振兴战略的重要载体，从发展过程看，主要是指生产要素的合理匹配、城乡要素双向自由流动。城乡共同发展，有利于城市控制资本、人才、技术向城市聚集的速度，有利于乡村加快资本下乡、技术下乡、人才下乡。从发展结果看，主要是"人民日益增长的美好生活需要和不平衡不充分的发展之间的矛盾"不断消解，促进不同等级城市功能趋于完善，促进小城镇城市功能趋于专业，促进中心村、社区功能基本实现均等，构建乡村公共服务设施基本单元。

从空间角度看，城乡融合发展是指各类城市、城镇职能、等级、规模与乡村在地域空间中有序分布并有机协同。城、镇、村之间规模等级分明、数量呈等差递增、职能分工互补，在城乡发展上新增建设用地指标分配合理匹配，城乡扩展速度与生态环境保护匹配。促进乡村振兴，推进乡村治理体系，加快农业现代化发展。

7.3　规划实施管理策略

7.3.1　进行规划实施评估

（1）建立县域城市规划评估框架

关中各县域规划体系还未建立起规划实施效果的反馈机制，无法及时对规划进行检验、反思以及修正，影响城市规划从编制—实施—管理—修正的动态过程的进展[305]。应建立城市总体规划评估框架，包括针对上一版城市总体规划评估，编制有效的行动计划，开展阶段性评估，评估规划的有效性，进行过程动态评估，编制行动计划，确立反馈机制[306]等。根据规划编制与实施的阶段，进行现行总规实施公众评价、总体规划纲要方案公众咨询、总体规划正式方案公众咨询，通过公众参与，更好地了解城乡规划、参与城乡规划、支持城乡规划，使城乡规划的编制更具科学性和操作性[307]。

（2）进行总体规划的实施建设评估

由于城乡空间结构动态的变化性，作用在空间演变过程中的规划需要进行阶段性结果评估。目前针对关中各县的城市总体规划实施情况分析太过简单，总体规划编制与修编之间缺乏继承性，造成规划编制的断层。因此在规划期末，需对规划整体完成度进行评估，以确定规划目标是否完全被实现，以及总结在规划实施的全阶段遇见的所有问题和经验。明确规划实施概况、重点项目的建设情况、规划目标落实情况、城市发展方向落实情况，具有针对性地了解各县相关空间规划实施效果与成因剖析，将规划实施效果的评估研究与编制、实施及管理相并列，建构空间规划评估循环模式，成为城市总体规划运作过程中必备的组成部分（图 7-9）。

（3）促进城市规划体系实施

1）促进规划编制成果转化

应与城镇规划管理部门进行充分、深入的沟通和研讨，结合具体重点建设项目管理跟踪参与，反馈调整并达到科学运用。

2）建设用地与工程管控

以多规融合为目标，实现一个技术平台、一个管控机制，确保城镇规划管理和建设健康有序推进。科学确定项目用地容积率、建筑密度、绿地率等开发强度指标。准确把握和严格审核建设项目面积、高度、开发强度、退界、停车位、绿地率、建筑高度控制、色彩控制、风格控制等要素，提升城镇风貌特色。合理设置道路线型、红线宽度、断面形式、坐标标高等，科学预测用水、排水、热力、燃气、电力、电信等用量标准和管线布设方式，处理好管线综合规划的衔接关系。

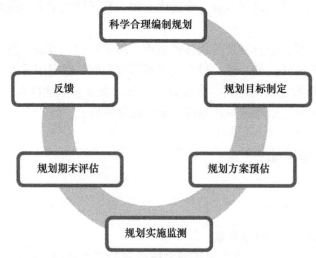

图 7-9　关中空间规划评估循环模式图

图片来源：作者自绘

3）加强城市规划的弹性

随着重大项目的逐步落实，在不违反强制规定的前提下可适当增加规划的灵活性，提高规划对未来城市发展的预见性以及城市建设的引导性。着重编制落实度较高的近期建设规划，将近期建设的重点项目向规划靠拢，以近期建设规划的内容作为加强城市规划弹性编制以及动态实施的重要措施，保障城市规划确定的重大建设有序进行[308]。

7.3.2　确立新型管理机制

（1）加强部门协调

关中县域各部门与各层级部门之间缺乏连接，造成规划落实的滞后性。需加强各管理部门之间的衔接，建立部门横向协作机制，明确权责范围与运作程序，根据职能划分，建立部门之间的监督机制，保障规划实施的有序推进。

（2）提升政策保障

从国家层面实施土地、户籍与财税制度的协同创新。土地制度改革让土地增值税应用于城市化的主体农民工，让人的城市化与土地城市化同步推进。关键在于户籍制度与配套财政体制改革，打破城乡二元户籍制度，降低户籍与保障体制的关联度。促进农民就业转化和配套财政体制的改革。实施多元、多渠道资金保障体制。建立补偿标准与动态调整机制，保障空间转型健康发展。

（3）规范管理程序

在规划设计层面上，县建设局应与编制单位共同取得工作的主动，对城市各层次的规划做出科学的预测，做到图档准确无误。在规划审批上根据国家及省市有关法律法规，按建设项目的有关批文、可行性研究报告以及设计方案，对建设项目的用地和建设工程审批，核发"两证一书"。在监察管理上，对建设工程进行规划动态管理和竣工验收[309]。搜集建设单位及相邻单位的群众对已批规划方案的意见和建议，以利修改方案。在制约机制上，应建立城市规划管理监督制约机制，要赋予市、区政府有关主管部门有效的监督检查职能，确保各级主管部门职责。

（4）创新管理技术体系

注重政府与市场结合，打破行政和行业垄断格局。利用多种措施鼓励和吸引私人资本投入到由政府包揽的基础设施和公共服务设施项目，弥补政府财力和服务能力的不足。运用扶贫安置、土地流转、户籍改革、产业转型、就业转化等政策导向和发展趋势，促进城乡空间结构转型发展。计算机技术应用使城市规划管理工作走向自动化、规范化、定量化的轨道[310]。通过"3S 系统""大数据分析法"等新的技术防范，更加科学快速综合性地管理与城市地理分布有关的信息，对城市规划与管理法规政策的模拟分析[311]。加强城市规划管理资讯平台建设，使城市规划管理有关的可公开信息资源走向互联网络，改善公众与规划管理者之间信息不对称的状态，使规划更趋于民主化[312]。

7.3.3　创新规划管理理念

（1）推进公众参与

十九大强调现阶段发展需要深化以人为本，实现人的城镇化，需要从管理理论和视角出发，重新审视管理的组织方法。决策模式反映出管理如何对待管理对象，对于管理对象特征及本性的预判将关系到管理的效果。针于不同的管理对象，可以分为"经济人"、"社会人"、"自我实现人"、"复杂人"、"自由发展人"。在"经济人"假设前提下，主要采取订立各种严格的管理制度和法规，运用领导的权威和严密的控制体系来保护组织本身，用经济报酬，引导员工完成组织任务；在"社会人"假设前提下，西方管理学界提出了"参与管理"的新型管理方式；在"自我实验人"假设前提下，主要将管理重点从物质因素转到人的作用和工作环境，充分发挥人的才能；在"复杂人"假设前提下，管理者不但要洞察员工的个别差异，更重要的是灵活采用不同的管理措施与方法，适时地发挥他们因差异而形成的能动性[313]。

改革开放以来，珠三角、长三角区域经济迅速发展的原因是开放的氛围、宽松的环境以及良好的运行机制促进大量普通民众向民营企业家转变。当前关中县域城乡发展缓慢的原因之一是这个区域的人文环境较为复杂，公众创新性不强[314]。因此，规划管理要真正实现以人为本、人的城镇化就要改变以往官本位的思想，要善于运用不同的规划方法提高公众的参与性、创新性，打造良好的参与性平台，提高民众参与城乡建设的主动性，增强推动地方经济发展的能动性，从而实现完善区域软质环境，提高区域竞争力的目的。

（2）优化管理架构关系

城乡发展需要通过体系化、规范化的规划制度协调城镇村各级政府之间的利益关系，形成有效区域协调机制，统筹公共设施及交通网络，促进地区经济稳健发展。推行合力制衡模式、城际联盟模式、统分结合模式相结合的方式，打破县域行政壁垒，促进管理发展新模式（表 7-2）。

世界推行的城镇协调管治模式　　　　　　　表 7-2

实施区域	经济模式	管理机制	管理模式
合力制衡模式	北美—经济平稳发展	联邦政府、州政府与地方政府间的权力保持相互牵制和平衡	垂直管理与水平协调相结合
城际联盟模式	欧洲—经济平稳发展	促进城市积极结盟与合作,推进国家与社会、政府与公众相互联系的转变,进而达到区域城镇协调、合作与互补	水平协作为主
统分结合模式	亚洲—追求经济高速增长	中央和省级政府的主导,协调、平衡地方政府之间合作	垂直管理为主

图表来源:夏显力. 陕西关中城镇体系协调发展研究〔D〕. 杨凌:西北农林科技大学,2004.

北美区域推行的是合力制衡模式,该模式建立区域范围内政府之间的制衡关系,使联邦政府、州政府与地方政府之间的权利保持相互牵制和平衡,既提高了政府效率,又保证了经济综合发展与全局平衡。欧洲推行城际联盟模式能加强城镇之间的联合和交往,发挥区域基础设施网络化优势,促进区域城镇互补及合作。统分结合模式主要在亚洲地区实施,中央政府及省级政府扮演了主导角色,协调地方政府协作及利益冲突的问题。

以上三种模式分别适应于特定的政体、经济和社会。关中县域城乡发展的现状,地方政府出于经济利益及市场经济的考虑,忽视区域利益,各地方政府之间缺乏协调关系,地方保护主义盛行。因此,需要在原有垂直管理的基础上,优化管理架构关系,强化各县城之间、县域内部之间的水平协作,促进县域城乡空间的发展。

(3)城乡二元平衡,实现空间正义

当前"城市化"和"逆城市化"现象同时存在。大型城市在公共服务设施、就业条件、收入水平等方面拥有优势和吸引力。另外在意识到人口是重要的资源后,很多城市放开了户籍政策,吸引大量人口进入城市,如西安市在 2018 年 3 月实施人才新政吸引人才落户。关中地区西安等特大城市将继续扩张。

与此同时,大中型城市由于城市化的发展,不可避免地产生房价上涨、环境等问题,从而导致了居住的郊区化和消费升级,推动了地产的郊区化。另外城市用地紧张,交通问题导致了工业园区由集中向分散,由城市向近郊、远郊发展的趋势;再有,大中城市居民消费形式发生变化,逐步开始向拥有自然生态环境的郊区及农村置业,以上趋势都导致了"逆城市化"的出现,乡村的吸引力正在逐步提高。

在这样的背景下,关中地区社会二元问题依然存在于户籍、城乡就业机会、待遇、权利上。首先保障农民工各项基本权益,保证农村剩余劳动力的自由流动。在乡村土地问题上,深化政策改革,规范政府行为[315]。建立乡村土地法规,保证农民获得应有的利益。建立城乡无差别的社会保障制度。根据乡村条件的不同,采取一定的政策倾斜。在规划过程中需要超越本身空间规划实体,达到与社会最终互动[316]。积极改善乡村基础设施、公共环境,提升乡村对城市工业郊区化以及农村消费的承载能力;另外提倡社会人文关怀,尊重民族文化、生活方式及地域特色。从思想上消除对乡村农民的偏见,降低市民对农民身份及行为的歧视。从空间分配上实现对城市、乡村的公平分配,对市民、农民的均等对待,实现空间正义。

7.3.4　创新数字管理系统

基于关中地区经济社会的发展，传统的信息分析手段远远不能满足将经济、社会、土地、环境、水资源、城乡建设、综合交通、社会事业等各类规划进行恰当衔接，确保"多规"确定的任务目标、保护性空间、开发方案、项目设置、城乡布局等重要空间参数标准的统一性。因此需要利用创新数字管理系统，实现优化空间布局，有效配置各类资源，促进政府空间管控和治理能力的不断完善和提高。

（1）建设城市管理综合协调平台

关中县域城乡空间规划管理需要建立城乡数字信息化服务平台，为县域范围内统一共享的规划信息平台，实现定性和定量分析相结合，使规划更加科学客观，有利于在操作中更好地运用规划成果，使规划成果具有长效性和可操作性。

（2）建设城乡规划建设管理系统

建立关中县域数字化城市管理监督指挥中心，对 31 个总体城市管理工作进行指挥、监督与综合评估，加快推进重点县域、重点镇的数字城市管理平台建设，并促进镇、县两级平台的对接。

（3）建设配套子系统平台

1）城乡规划建设管理子系统

以县级城乡规划管理、城乡规划空间资源平台等为载体，建立"多规合一"信息化服务管理平台，实现不同管理部门之间的信息共享。城乡规划建设管理子系统通过县级规划工作库向城乡"多规合一"信息化服务管理平台提供规划编制和规划审批数据，主要包括：控制性详细规划、重点功能区规划范围、城市总体规划、建设项目选址意见书、建设用地规划许可证、建设用地规划批复函件等，有效为各级政府、不同部门的管理提供准确数据与管理判断，也可通过有偿信息服务向社会共享部分数据资源，为重大项目和工程的选址及优化、工程建设管理工作提供立项、选址便利。

2）国土业务子系统

根据县级信息网络化服务管理平台统一子系统平台，国土业务子系统包括土地储备、土地使用、土地发展的系统数据，向城乡"多规合一"信息化服务管理平台提供国土规划及审批数据。土地利用规划和用地审批数据主要包括：土地利用总体规划、土地储备规划、建设项目用地预审意见、建设用地批准书、国有土地使用证、用地报批红线、农用土地开发整理项目红线、预审红线、闲置土地决定书、土地变更调查、行政区划、电子地图等。最终实现土地资源的有效管理。

3）发改委业务系统

根据县级信息化服务管理平台统一的接口规范，建立发改委业务子系统，向城乡"多规合一"信息化服务管理平台提供发改委相关的数据，主要有国民经济和社会发展规划，建设工程项目审批相关数据，主体功能分区等规划数据。

7.4　本章小结

本章构建了县域城乡空间结构转型发展的规划策略体系，包括规划技术创新策略、规划空间管制策略、规划管理机制策略三方面。其中空间规划策略强调建立多规合一规划理念、完善空间规划体系、进行规划实施评估、优化城乡空间布局。规划空间管制策略强调明确空间管制分区、划定生态功能区划。规划管理机制策略包括促进空间规划政策落实、完善空间法律体系、确立新型管理机制、创新规划管理理念，并对城乡空间结构演进与转型发展进行策略补充。

第8章　总结与展望

8.1　研究总结

新型城镇化战略实施加速了城乡发展转型的进程，加快了城乡空间结构转型的节奏。作为当今中国社会发展的主旋律，在新时代背景下推进城乡发展转型是历史必然选择。城乡空间结构转型需结合地区发展的阶段实力和发展潜力，寻求不同转型方式与推进路径。本书基于县域城乡发展的特殊背景，对国内外相关理论和研究成果进行综述，提出新型城镇化背景下县域城乡空间结构转型的理论模式，针对关中地区建构县域城乡空间结构转型发展的适宜性选择。选取典型富平、蒲城、潼关县域进行实证研究，围绕关中县域城乡空间结构转型提出针对性的规划策略。研究主要包含以下几个方面：

（1）审视关中县域城乡发展与城乡空间结构的现实问题

从关中县域的现实出发，研究认为现状城乡发展与城乡空间结构主要存在以下问题：1）关中县域城镇体系结构不合理，县域中心城市相对规模过大，首位度过高，重点镇数量过小，一般镇发展缓慢且规模较小，未起到承上启下的作用。2）关中县域城乡产业结构不合理。整体上没有摆脱"农业大县，工业小县"的窘况。工业支柱产业以能源化工、机械加工、资源挖掘等高耗能、高污染、工业附加值低的企业为主。对城乡发展促动力不强，对非农人口吸附力弱。3）县域内城乡之间关联度较低，交通设施未覆盖所有镇村，加剧城乡发展不均衡。4）县域中心城市普遍建成区规模与人口规模不匹配，城市功能不完善，需带动乡镇数量过多，存在"小马拉大车"的现象。建制镇镇区规模过小，对周边乡村吸引力不足。乡村存在外延空间大，内部空心化的普遍现象。由于非农人口外流、一户多宅及基础设施配置等综合作用，造成村庄内部空置宅院数量普遍较高，但乡村沿主干道建设现象较为普遍。5）人口规模等级未与城镇体系级别匹配，城镇人口多集中在县域中心城市，乡村人口外流严重。

（2）测评关中县域城乡发展水平、城镇紧密度及县域城乡空间综合绩效

关中县域城乡发展已经进入快速城镇化发展阶段，但与东部地区相比城乡发展水平依然较低，城乡空间转型发展已经成为急需解决的现实问题。研究对关中31县域城乡发展水平进行横向比较，运用AHP模型通过准则层与指标层定量计算，用量化指标将各县分为四个经济发展阶段，可见整体关中各县域经济发展水平较低，带动乡村发展作用有限。利用OpenGeoDa软件测算关中各县及县域城镇紧密度关系，通过数据发现部分城镇依托区域与交通基础，人流、物流方面联系紧密，但联系紧密城镇占比不大。县域内无论县域中心城市、小城镇、乡村都存在土地不集约，人均建设用地过大问题。

在实证研究中应用BBC模型针对典型县域进行城乡空间绩效的定量判断。通过城乡综合效率计算结果，对城乡空间问题进行量化诊断，准确把握关中县域城乡发展趋势，对

城乡发展转型、城乡空间转型提供量化基础。最终对县域中心城市空间发展进行控制、对乡村空间发展进行引导。

（3）构建关中县域城乡空间结构的类型体系

通过对关中各县城乡社会经济发展与城乡空间特征分析，对关中 31 个县域进行类型划分与属性列表。类型包括基于自然本底特征的类型和基于经济主导产业的类型，分为两大类、六小类。根据类型划分探讨每一类城乡空间结构的特征与作用机制，为展开关中地区城乡空间结构的研究提供分类基础，为针对不同类型的城乡空间结构转型发展提供支撑。

（4）提出关中县域城乡空间结构转型发展路径及规划策略

选取典型县域，进行城乡空间结构转型的实证研究，探讨城乡发展转型中城镇体系重组、城镇职能调整、产业结构优化、人口等级规模调整、城乡建设用地拓展、乡村类型化营建等方面，探究不同类型城乡空间结构转型的内在机制、转型因素。最后对关中县域城乡空间结构转型的模式提出具有针对性的规划策略，包括规划技术创新策略、空间管制规划策略、规划实施管理策略，对城乡空间结构演进与转型发展进行策略补充。

8.2 研究展望

鉴于城乡发展问题的复杂性及本书研究资料的有限性，由于笔者的实践、学识、能力有限，本书研究虽得出了相关的研究成果与结论，尚有许多问题需要在以后的研究与工作中不断丰富、深化，主要有以下几个方面：

（1）新型城镇化影响下城乡空间转型发展的理论模式需进一步完善

书中涉及城乡发展理论仅是简要梳理，对国内外相关研究与实践仅是简要评述，由于笔者学识限制与城乡发展的复杂性，未构建出更系统的城乡空间类型，未建构出全面且丰富的城乡转型理论模式，因此日后研究需要逐步完善。

（2）针对城乡空间结构转型量化分析方法有待丰富

书中针对现状城乡发展水平进行测算，针对现状城乡空间进行绩效评估，测算与评估数据均来自统计年鉴、地方政府工作报告、城市总体规划、地方志等，综合采用城乡规划学科、经济学科、地理学科、生态学等的成熟分析方法，但对管理学、社会学等参考与应用不足。因此针对城乡空间结构转型量化分析方法有待丰富，测算结果有待完善。

（3）城乡空间转型规划策略研究不够完善

书中涉及规划策略包括规划技术创新策略、空间转型规划策略、规划实施管理策略，但影响城乡发展、城乡空间转型及城乡空间规划的因素方方面面，因此城乡空间转型规划策略研究需要进一步完善。

参 考 文 献

[1] 贾少龙 . 西咸新区城乡产业统筹发展模式及关键路径研究 [D] . 西安: 西安建筑科技大学, 2013.

[2] 周素红 . "十二五" 时期公共服务设施均等化供给与保障 [J] . 规划师, 2011, 27 (4): 16-20.

[3] 韩俊 . "十二五" 时期我国乡村改革发展的政策框架与基本思路 [J] . 改革 2010, (5): 5-20.

[4] 杨忍, 刘彦随等 . 中国乡村转型重构研究进展与展望——逻辑主线与内容框架 [J] . 地理科学进展,
2015, 34 (08): 1010-1030.

[5] 李建伟, 赵峥 . 我国县域经济发展的主要挑战与路径选择 [N] . 中国经济时报, 2015-06-17 (05).

[6] 李建伟, 新时期我国县域经济发展的战略意义、主要挑战与路径选择 [J] . 重庆理工大学学报 (社
会科学), 2016, 30 (03): 1-6.

[7-8] 吴潇 . 关中城镇密集区城乡一体化的空间模式及规划方法研究 [D] . 西安: 西安建筑科技大学,
2013.

[9] 袁锶, 赵伟力 . 贫困文化视角下的关中—天水经济区乡村贫困问题 [M] . 陕西省社会学会 (2010)
学术年会 "关—天经济区社会建设与社会工作" 论坛论文集, 2010.

[10] 习近平 . 创新合作模式共同建设 "丝绸之路经济带" . 中国共产党新闻网 .

[11] 《推动共建丝绸之路经济带和 21 世纪海上丝绸之路的愿景与行动》, 2014.

[12] 刘瑞强 . 关中地区城乡一体化的空间尺度及规划策略研究 [D] . 西安: 西安建筑科技大学, 2014.

[13] 魏婷婷, 林英华等 . 聊城市县域城市化进程中的动力机制研究 [J] . 天津农业科学, 2014, 20 (09):
25-27.

[14] 朱喜钢 . 城市空间集中与分散论 [M] . 北京: 中国建筑工业出版社, 2002.

[15] 张勇 . 四川省城镇空间结构优化研 [D] . 四川: 西南财经大学, 2014.

[16] 吴启焰 . 任东明 . 改革开放以来我国城市地域结构演变与持续发展研究——以南京都市区为例 [J] .
地理科学, 1999, 19 (2): 108-113.

[17] 张庭伟 . 1990 年代中国城市空间结构的变化及其动力机制 [J] . 城市规划, 2001, 25 (7): 7-14.

[18] 吴潇 . 关中城镇密集区城乡一体化的空间模式及规划方法研究 [D] . 西安: 西安建筑科技大学,
2013.

[19-21] 张勇 . 四川省城镇空间结构优化研 [D] . 成都: 西南财经大学, 2014.

[22] 汉语词典 [M] . 北京: 华语教学出版社, 2014.

[23] 朱喜钢 . 城市空间集中与分散论 [M] . 北京: 中国建筑工业出版社, 2002.

[24] 付磊 . 全球化和市场化进程中大都市的空间结构及其演进——改革开放以来上海城市空间演变的
研究 [D] . 上海: 同济大学, 2008.

[25] 吴志强等 . 城市规划原理 (第四版) [M] . 北京: 中国建筑工业出版社, 2014.

[26] 付磊 . 全球化和市场化进程中大都市的空间结构及其演进——改革开放以来上海城市空间演变的

研究［D］.上海：同济大学，2008.

［27］吴珮琪，广州南站地区圈层式空间结构规划研究［D］.广州：华南理工大学，2015.

［28］曹俊.佘含伟等.城市空间结构体系的拓展模式及内在机制［J］.现代城市研究，2013，（08）：12-16.

［29］付磊.全球化和市场化进程中大都市的空间结构及其演进——改革开放以来上海城市空间演变的研究［D］.上海：同济大学，2008.

［30］张沛，杨欢.城乡一体化导向下西北地区县域乡村空间发展研究——以青海乐都县为例［J］.华中建筑，2013，（10）：85-88.

［31］吴启焰.任东明.改革开放以来我国城市地域结构演变与持续发展研究——以南京都市区为例［J］.地理科学，1999，19（2）：108-113.

［32］殷洁.基于制度转型的中国城市空间结构研究初探［J］.人文地理，2005，（3）：59-61.

［33］付磊.全球化和市场化进程中大都市的空间结构及其演进——改革开放以来上海城市空间演变的研究［D］.上海：同济大学，2008.

［34］吕江，基于土地利用视角的南昌市城市空间结构研究［D］.南昌：江西师范大学，2013.

［35］俞海，张永亮等，理解生态文明：从哲学思想到国家发展战略［J］.中国环境管理，2015，（04）：34-37.

［36］薄宝明，推进县域经济破解三农难题——忻州市县域经济发展调查［J］.山西农经，2010，（5）：3-6.

［37］辜堪生，柯健.学习型县域的探索与解读［J］.西南石油大学学报（社会科学版），2011，4（1）：26-32.

［38］白雪峰.新型城镇化建设中农商行的机遇与对策［J］.天津经济，2013，（9）：49-51.

［39］席广亮，甄峰等.新型城镇化引导下的西部地区县域城乡空间重构研究——以青海省都兰县为例［J］.城市发展研究，2012，19（06）：12-17.

［40］张伟.论大都市地区县域城乡空间发展及其规划思维［C］.规划创新：2010中国城市规划年会论文集，2010.

［41］黄瑛，张伟.大都市地区县域城乡空间融合发展的理论框架［J］.现代城市研究.

［42］席广亮，甄峰等.新型城镇化引导下的西部地区县域城乡空间重构研究——以青海省都兰县为例［J］.城市发展研究，2012，19（06）：12-17.

［43］汉语词典［M］.北京：华语教学出版社，2014.

［44］安超.城乡空间利用生态绩效的内涵、表现及内在机理探析［J］.城市发展研究，2013，（6）：16-24.

［45］庄洪艳，阚卫华.胶南城乡一体化推进措施研究［J］.现代商贸工业，2010，（24）：123-125.

［46］安超.城乡空间利用生态绩效的内涵、表现及内在机理探析［J］.城市发展研究，2013，（6）：16-24.

［47］王立.刘明华等.城乡空间互动——整合演进中的新型农村社区规划体系设计［J］.人文地理，2011，26（4）：73-78.

［48］曹俊.佘含伟等.城市空间结构体系的拓展模式及内在机制［J］.现代城市研究，2013，（8）：12-16.

［49］付磊.全球化和市场化进程中大都市的空间结构及其演进——改革开放以来上海城市空间演变的

研究［D］.上海：同济大学，2008.

［50］朱喜钢.城市空间集中与分散论［M］.北京：中国建筑工业出版社，2002.

［51］张勇.四川省城镇空间结构优化研究［D］.成都：西南财经大学，2014.

［52］由明远.县域城镇体系发展演化研究［D］.哈尔滨：哈尔滨师范大学，2010.

［53］朱彬.江苏省县域城乡聚落的空间分异及其形成机制研究［D］.南京：南京师范大学，2015.

［54］朱彬.江苏省县域城乡聚落的空间分异及其形成机制研究［D］.南京：南京师范大学，2015.

［55-56］朱彬.江苏省县域城乡聚落的空间分异及其形成机制研究［D］.南京：南京师范大学，2015.

［57］由明远.县域城镇体系发展演化研究［D］.哈尔滨：哈尔滨师范大学，2010.

［58］朱彬.江苏省县域城乡聚落的空间分异及其形成机制研究［D］.南京：南京师范大学，2015.

［59］孙海军.西北典型大城市区城乡一体化的空间模式及规划方法研究［D］.西安：西安建筑科技大学，2014.

［60］高云虹，曾菊新.城乡网络化：统筹城乡发展的现实选择［J］.开发研究，2006，（1）：89-92.

［61］董欣.网络化：关中—天水经济区空间发展策略及规划模式研究［D］.西安：西安建筑科技大学，2011.

［62］孙海军.西北典型大城市区城乡一体化的空间模式及规划方法研究［D］.西安：西安建筑科技大学，2014.

［63-65］朱彬.江苏省县域城乡聚落的空间分异及其形成机制研究［D］.南京：南京师范大学，2015.

［66］张永志，李宗克.城市化率上升背景下低生育率常态化分析［J］.社科纵横，2016.

［67］朱彬.江苏省县域城乡聚落的空间分异及其形成机制研究［D］.南京：南京师范大学，2015.

［68］谢菲.中国城市化发展道路评析——以国外大城市"多中心空间模式"为基点［J］.福州大学学报（哲学社会科学版），2013，（2）：77-81.

［69］朱彬.江苏省县域城乡聚落的空间分异及其形成机制研究［D］.南京：南京师范大学，2015.

［70］吴良镛.人居环境科学导论［M］.北京：中国建筑工业出版社，2001.

［71］互动百科.人居环境科学.http：//www.hudong.co.

［72-73］邹涵臣.新型城镇化导向下渭南城乡空间结构转型及优化模式研究［D］.西安：西安建筑科技大学，2014.

［74-75］付磊.全球化和市场化进程中大都市的空间结构及其演进——改革开放以来上海城市空间演变的研究［D］.上海：同济大学，2008.

［76］邹涵臣.新型城镇化导向下渭南城乡空间结构转型及优化模式研究［D］.西安：西安建筑科技大学，2014.

［77］何志扬.城市化道路国际比较研究［D］.武汉：武汉大学，2009.

［78］仇保兴.国外城镇化模式比较与我国城镇化道路选择.和谐与创新：快速城镇化进程中的问题、危机与对策［M］.北京：中国建筑工业出版社，2006.

［79-80］何志扬.城市化道路国际比较研究［D］.武汉：武汉大学，2009.

［81］肖周燕.人口—经济—环境系统耦合时序规律分析［J］.西北人口，2011，32（2）：38～42.

［82］何志扬.城市化道路国际比较研究［D］.武汉：武汉大学，2009.

［83］［法］布罗代尔，拉布鲁斯编.法国经济与社会史（第3卷下册）［M］.巴黎：法国大学出版社，1976.

［84］［法］菲利普·潘什梅尔著，叶闻法译.法国（上）［M］.上海：上海译文出版社，1980：133.

［85］［法］布罗代尔，拉布鲁斯编.法国经济与社会史（第3卷下册）［M］.巴黎：法国大学出版社，1976：735.

［86］Roger Price .A Social History of Nineteenth—Century France. Harper Collins Publishers Ltd，1987：735.

［87］何志扬.城市化道路国际比较研究［D］.武汉：武汉大学，2009.

［88］纪晓岚.英国城市化历史过程分析与启示［J］.华东理工大学学报（社会科学版），2004，（2）：8-9.

［89］何志扬.城市化道路国际比较研究［D］.武汉：武汉大学，2009.

［90］张中华.西方发达国家城乡统筹发展的实践析论［J］.中国名城，2012，（11）38-43.

［91］张建平，董欣等.国外城镇化发展经验及其对西部城镇化统筹发展的启示［J］.西安建筑科技大学学报（社会科学版），2013，32（6）：53-54.

［92］何志扬.城市化道路国际比较研究［D］.武汉：武汉大学，2009.

［93］［美］布莱恩·贝里.比较城市化——20世纪不同的道路［M］.北京：商务印书馆，2008.

［94］何志扬.城市化道路国际比较研究［D］.武汉：武汉大学，2009.

［95］吴继武.高度城市化的日本城市形态［J］.国外城市规划，1992，（1）：36-39.

［96］管珊.日本农协的发展及其对中国的经验启示［J］.当代经济管理，2014，36（6）：27-31.

［97］殷际文.中国城乡经济发展一体化研究［D］.哈尔滨：东北农业大学，2010.

［98］顾朝林，袁家冬等.全球化与日本城市化的新动向［J］.国际城市规划，2007，22（1）：1-4.

［99］殷际文.中国城乡经济发展一体化研究［D］.哈尔滨：东北农业大学，2010.

［100］郭建军.日本城乡统筹发展的背景和经验教训［J］.国际农业，2007（2）：27-30.

［101］顾朝林.袁家冬等.全球化与日本城市化的新动向［J］.国际城市规划，2007，22（1）：1-4.

［102］郝万喜.韩国新村运动对我国西部新农村建设的启示［J］.价值工程，2011，（21）：59-64.

［103］袁政敏.解读韩国新村运动［J］.吉林农业，2007，（5）：6-8.

［104］杨玉民.国外城乡一体化发展的经验及其对汕头市城乡一体化发展的启示［J］.西华大学学报（哲学社会科学版），2012，31（2）：97-100.

［105］张玉言.国外城镇化比较研究与经验启示［M］.北京：国家行政学院出版社，2013.

［106］林伟.美国、日本和巴西的城市化模式比较［D］.河南大学，2014.

［107］王永辉.农村城市化与城乡统筹的国际比较［M］.北京：中国社会科学出版社，2011.

［108］苏振兴.拉美国家现代化进程研究［M］.北京：社会科学文献出版社，2006.

［109］郭斌.李伟，日本和印度的城镇化发展模式探析［J］.首都经贸大学学报，2011，（5）：23-27.

［110］王士兰，张玉江.长三角地区应高度关注城乡统筹发展问题［J］.长三角，2007，（5）：30-31.

［111］毕秀晶，长三角城市群空间演化研究［D］.华东师范大学，2013.

［112］袁媛古，叶恒等.新型城镇化背景下珠三角城镇群发展研究［J］.上海城市规划，2014，（01）：24-30.

［113］许学强，李郇.改革开放30年珠江三角洲城镇化的回顾与展望［J］.经济地理，2009，29（1）：13-18.

［114］叶玉瑶，张虹鸥，许学强等.珠江三角洲建设用地扩展与经济增长模式的关系［J］.地理研究，2011，30（12）：2259-2271.

［115］闫小培，魏立华，周锐波.快速城市化地区城乡关系协调研究［J］.城市规划，2004，28（3）：30-38.

［116］余静文，王超春.城市圈驱动区域经济增长的内在机制分析——以京津冀、长三角和珠三角城市圈为例［J］.经济评论，2011（1）：69-78，126.

［117］李庄.论我国城市化模式的战略选择［J］.上海城市管理职业技术学院学报，2006，（12）：61-64.

［118-119］余静文，王超春.城市圈驱动区域经济增长的内在机制分析——以京津冀、长三角和珠三角城市圈为例［J］.经济评论，2011（1）：69-78，126.

［120］李健民.京津冀城镇化及其与长三角和珠三角的比较［J］.人口与经济，2014，（1）：3.

［121］刘清娟.新疆住房信贷发展研究［J］.吉林农业，2010，（10）：223，252.

［122］梁艳芝.中国特色城镇化道路的考察与思考［D］.济南：山东师范大学，2015.

［123］孙奇.中国城乡建设用地发展的理论解释模型研究［J］.国际城市规划，2012，27（4）：71-76，109.

［124］陈晖涛.福建省乡村城镇化模式选择研究［D］.福州：福建农林大学，2014.

［125］张靖.转型期我国中心城市城乡关系演变研究［D］.长春：东北师范大学，2013.

［126］魏后凯，苏红键等.走中国特色的新型城镇化道路［M］.北京：科学出版社，2015.

［127］丁元，甘春华等.建立就业与居民收入分配良性互动关系的对策［J］.中国人力资源开发，2012，（06）：102-105.

［128］全国城镇体系规划（2016-2020）.

［129］方创琳等.中国城镇群发展研究报告2016［M］.北京：科学出版社，2017.

［130］高霞.中原城市群发展的科技政策体系分析［J］.科技管理研究，2012.

［131-132］国务院印发《关于加强城市基础设施建设的意见》，http：//info.jjcn.hc360.com/2013/09/181625126163.shtml

［133］（1）中小城市绿皮书（2013）［M］.北京：社会科学文献出版社，2014.（2）汪建国，刘利庆.新型城镇化与城镇建设税制改革安徽省地方税务局课题组［J］.税收经济研究，2013.

［134］魏后凯，张燕.全面推进中国城镇化绿色转型的思路与举措［J］.经济纵横，2011，（09）：15-19.

［135］梁艳芝.中国特色城镇化道路的考察与思考［D］.济南：山东师范大学，2015.

［136］龙花楼.论土地利用转型与乡村转型发展［J］.地理科学进展，2012，21（02）：131-138.

［137］如何破解"无人"种地［J］.晚霞，2012.

［138］宋国恺，李歌诗.发展重点小城镇与城市化道路选择——对"空间不平衡发展"理论的批判反思［J］.兰州大学学报（社会科学版），2015，43（05）：22-30.

［139-140］中小城市绿皮书（2013）［M］.北京：社会科学文献出版社，2014.

［141］张靖.转型期我国中心城市城乡关系演变研究［D］.长春：东北师范大学，2013.

［142］魏后凯，关兴良.中国特色新型城镇化的科学内涵与战略重点［J］.河南社会科学，2014，（03）：18-26.

［143］沈干.京津冀协同发展视角下的保定城乡发展规划研究（硕士论文）.保定：河北农业大学.

［144］李迅.关于中国城市发展模式的若干思考［J］.城市，2008，（10）：23-33.

［145］王凯.从全国城镇体系规划看北部湾地区的发展［J］.泛北部湾区域经济开发与建设，No.3，

2007.

［146-149］魏后凯，关兴良.中国特色新型城镇化的科学内涵与战略重点［J］.河南社会科学，2014，
（03）：18-26.

［150］国务院关于深入推进新型城镇化建设的若干意见.中华人民共和国国务院公报，2016.

［151］陈照.陕北地区县域城乡空间转型模式及规划策略研究［D］.西安：西安建筑科技大学，2015.

［152］吴潇.关中城镇密集区城乡一体化的空间模式及规划方法研究［D］.西安：西安建筑科技大学，
2011.

［153］韩新辉.西部地区城镇体系空间布局生态化导向研究［D］.杨凌：西北农林科技大学，2005.

［154］王镇中.关中城镇区域空间结构的演变、动力机制与优化研究［D］.西安：西北大学，2009.

［155-156］蔡梦晗，李江涛.“十三五”推进绿色城镇化亟待完善五大支撑点［N］.中国经济时报，2015.

［157］梁晓伟.新型城镇化进程中的问题与对策研究——以辽宁省建昌县为个案［D］.锦州：渤海大学，
2014.

［158］向建，吴江.城乡统筹视阈下重庆新型城镇化的路径选择［J］.现代城市研究.2013，（07）：
82-87.

［159］张春龙.对新型城镇化的认识和解读［J］.中国名城，2013，（9）：4-8.

［160-161］岳文海.中国新型城镇化发展研究［D］.武汉：武汉大学，2013.

［162］张春龙.对新型城镇化的认识和解读［J］.中国名城，2013，（9）：4-8.

［163］崔木花.我国生态城镇化的考量及构建路径［J］.经济论坛，2014，（02）：155-161.

［164］张宝利.洛阳城乡一体化的思路与对策［J］.安徽农业科学，2012，（2）：3740-3742.

［165］魏后凯，关兴良.中国特色新型城镇化的科学内涵与战略重点［J］.河南社会科学，2014，（03）：
18-26.

［166］张春龙.对新型城镇化的认识和解读［J］.中国名城，2013，（9）：4-8.

［167］张宝利.洛阳城乡一体化的思路与对策［J］.安徽农业科学，2012，（2）：3740-3742.

［168］倪鹏飞.2008年城市竞争力蓝皮书：中国城市竞争力报告NO.6［M］.北京：社会科学文献出版社，
2008.

［169-170］魏后凯.走中国特色的新型城镇化道路［M］.北京：科学出版社，2014.

［171］石适.GDP轻踩“刹车”的缘由［J］.时事（高中），2012.

［172］邓毛颖，蒋万芳.大都市郊县村镇体系规划研究——以广州增城市为例［J］.规划师，2012.

［173］吴乐，霍丽.丝绸之路经济带节点城市的空间联系研究［J］.西北大学学报（哲学社会科学版），
2015.

［174］王波.湖北省城市体系研究［J］.中国地质大学学报（社会科学版），2005.

［175］中国共产党十九大报告，2017.

［176］朱隽.国土部等联合发布《实施意见》人地挂钩 确保1亿人进城落户［J］.农村·农业·农民（A版），
2016.

［177］孙海军.西北典型大城市区城乡一体化的空间模式及规划方法研究［D］.西安：西安建筑科技大
学，2014.

［178］温莉，李井海.追求“空间正义”的城乡规划［C］.城市规划和科学发展—2009中国城市规划年
会论文集，2009.

［179］王晓玲，董绍增.黑龙江省产业转型升级与新型城镇化良性互动发展研究［J］.宏观经济管理，2017，（01）：202-203.

［180］吴江，王斌.申丽娟.中国新型城镇化进程中的地方政府行为研究［J］.中国行政管理，2009（3）：88-91.

［181］陈霞.中国经济发展的三大关键策略［J］.科技资讯，2011，（2）：215，217.

［182］孙涛，马剑锋等.加强各类人才培养促进森工林区转型发展［J］.林区教学，2017，（01）：17-19.

［183］王镇.关中城镇区域空间结构的演变、动力机制与优化研究［D］.西安：西北大学，2009.

［184］郑佳明.中国社会转型与价值变迁［J］.清华大学学报（哲学社会科学版），2010，25（10）：113-126.

［185-186］陈照.陕北地区县域城乡空间转型模式及规划策略研究［D］.西安：西安建筑科技大学，2015.

［187］王镇.关中城镇区域空间结构的演变、动力机制与优化研究［D］.西安：西北大学，2009.

［188-189］马亚利，李贵才等.快速城市化背景下乡村聚落空间结构变迁研究评述［J］.城市发展研究，2014，21（3）：55-60.

［190］陈照.陕北地区县域城乡空间转型模式及规划策略研究［D］.西安：西安建筑科技大学，2015.

［191］杨忍，刘彦随等.中国乡村转型重构研究进展与展望——逻辑主线与内容框架［J］.地理科学进展，2015，34（8）：1019-1030.

［192］陈雯.区域产业分工与合作的实证研究［D］.福州：福建师范大学，2006.

［193］中国特色社会主义生态文明建设理论与实践研究，百度文库.

［194］孙海军.西北典型大城市区城乡一体化的空间模式及规划方法研究［D］.西安：西安建筑科技大学，2014.

［195］关中平原.地理百科.中国地理网.http：//www.cngeo.net.

［196］樊卫宾，王光庆.天水及陇东南地区经济融入关中-天水经济区的路径选择［J］.科学经济社会，2011，29（3）：19-23，30.

［197］丁东阳.浅谈高铁对民航市场的影响［J］.空运商务，2009，（24）：16-18.

［198］关中平原，中国行政，地理百科，中国地理网，http：//www.cngeo.net.

［199］渭河平原，陕西百科，http：//www.ixbren.ne.

［200-201］强伟锋.关中县域经济发展模式研究［D］.西安：西北大学，2012.

［202］李忠民.中国关中-天水经济区发展报告（2014）［M］.北京：中国人民大学出版社，2015.

［203］刘妍，刘猛.大学生专线旅游的研究［J］.新经济，2014，（12）：137.

［204］陈照.陕北地区县域城乡空间转型模式及规划策略研究［D］.西安：西安建筑科技大学，2015.

［205-206］王颂吉，白永秀，宋丽婷.县域城乡发展一体化水平评价——以陕西83个县（市）为样本［J］.当代经济科学.2014.36（1）：116-123，128.

［207］陈照.陕北地区县域城乡空间转型模式及规划策略研究［D］.西安：西安建筑科技大学，2015.

［208-209］王颂吉，白永秀，宋丽婷.县域城乡发展一体化水平评价——以陕西83个县（市）为样本［J］.当代经济科学.2014.36（1）：116-123，128.

［210-211］陈照.陕北地区县域城乡空间转型模式及规划策略研究［D］.西安：西安建筑科技大学，2015.

［212］王颂吉.中国城乡双重二元结构研究［D］.西安：西北大学，2014.

［213-214］陈照.陕北地区县域城乡空间转型模式及规划策略研究［D］.西安：西安建筑科技大学，
　　　　　2015.

［215］张沛，孙海军等.中国城乡一体化的空间路径与规划模式——西北地区实证解析与对策研究［M］.
　　　　北京：科学出版社，2015.

［216-217］邓晓兰，郑良海等.关中经济区经济联系测度与财政体制调整政策研究［J］.经济地理，
　　　　　2011，31（7）：1070-1075.

［218-219］朱顺娟.长株潭城市群空间结构及其优化研究［D］.长沙：中南大学，2014.

［220］王齐祥，尚红敏等.皖江示范区建设是区域经济协调发展的战略布局［J］.华东经济管理，
　　　　2011，25（09）：50-53.

［221-222］邓晓兰，郑良海等.关中经济区经济联系测度与财政体制调整政策研究［J］.经济地理，
　　　　　2011，31（7）：1070-1075.

［223］季青，余明.基于协同克里格插值法的年均温空间插值的参数选择研究［J］.首都师范大学学报（自
　　　　然科学版），2010，（04）：81-87.

［224］王猛.经济规模与效率协调发展格局研究［D］.南京：江苏师范大学，2014.

［225］单勇，阮重骏.城市街面犯罪的聚集分布与空间防控——基于地理信息系统的犯罪制图分析［J］.
　　　　法制与社会发展，2013.

［226］王猛.经济规模与效率协调发展格局研究［D］.南京：江苏师范大学，2014.

［227］陈亦男.长株潭地区耕地集约利用时空变化分析［D］.长沙：湖南师范大学，2014.

［228］李茜.关中-天水经济区旅游业发展思考［J］.合作经济与科技，2012.

［229］励娜，尹怀庭.我国城乡人口流动的驱动因素分析［J］.西北大学学报（自然科学版），2008，38
　　　　（6）：1019-1023.

［230］许敏娟.推进生态文明 建设美丽中国［J］.绿色视野，2013，（10）.

［231］肖周燕.人口—经济—环境系统耦合时序规律分析［J］.西北人口，2011，32（2）：38-42.

［232］曹靖，张文忠.中国资源枯竭城市产业功能特征［J］.地理科学进展，2013.08.

［233］陈照.陕北地区县域城乡空间转型模式及规划策略研究［D］.西安：西安建筑科技大学，2015.

［234］邹涵臣.新型城镇化导向下渭南城乡空间结构转型及优化模式研究［D］.西安：西安建筑科技大
　　　　学，2014.

［235］王兴中.城市生活空间质量观下的城市规划理念［J］.现代城市研究，2011，（8）：40-48.

［236］肖周燕.人口—经济—环境系统耦合时序规律分析［J］.西北人口，2011，32（2）：38-42.

［237］孙海军.西北典型大城市区城乡一体化的空间模式及规划研究方法［D］.西安：西安建筑科技大
　　　　学，2015.

［238］刘畅.城乡一体化背景下成都市空间结构优化研究［J］.经营管理者，2010，（6）：67.

［239］陈玉福，孙虎等.中国典型农区空心村综合整治模式［J］.地理学报2010，65（6）：727-735.

［240］王腾飞.县域城乡空间优化和重组研究［D］.青岛：山东科技大学，2016.

［241-242］席广亮，甄峰等.新型城镇化引导下的西部地区县域城乡空间重构研究——以青海省都兰县
　　　　　为例［J］.城市发展研究，2016，19（06）：12-17.

［243］西安市编办统筹城乡发展课题组.2011高陵县统筹城乡发展的体质创新［J］.机构与行政，
　　　　2011，（11）：20-22.

［244］张孔娟，陈云雷 . 农村养老服务需要供给侧改革［N］. 中国经济时报，2017.

［245］张沛，孙海军等 . 中国城乡一体化的空间路径与规划模式——西北地区实证解析与对策研究［D］. 北京：科学出版社，2015.

［246］陈玉福，孙虎等 . 中国典型农区空心村综合整治模式［J］. 地理学报 2010，65（6）：727-735.

［247］黄明华，王阳等 . 由控规全覆盖引发的思考［J］. 城市规划学刊，2009.（06）：28-34.

［248］百度文库 . 房山新城规划（2005—2020 年）［DB］. 互联网文档资源 .

［249］席广亮，甄峰等 . 新型城镇化引导下的西部地区县域城乡空间重构研究——以青海省都兰县为例［J］. 城市发展研究，2016，19（06）：12-17.

［250］俞畅 . 生态转型模式的农业产业结构调整［D］. 武汉：华中师范大学，2013.

［251-252］关中—天水经济区发展规划，百度文库，2011.

［253］甘露 . 三峡库区新型农村社区建设研究［D］. 成都：西南大学，2012.

［254］赵磊 . 新型城镇化建设投资决策分析［D］. 西安：西安建筑科技大学，2014.

［255］李建伟，赵峥 . 我国县域经济发展的主要挑战与路径选择［N］. 中国经济时报，2015.

［256］兰运华 . 试论土地流转模式下农村土地利用率的提高［J］. 经营管理者，2014（9）：147.

［257-259］常雅慧 . 西安社会管理网络化治理模式探析［J］. 郑州航空工业管理学院学报（社会科学版），2012，（03）：137-140.

［260］丁云祥 . 陕西省人口发展呈现十大特点［N］. 陕西日报，2011.

［261］席广亮，甄峰等 . 新型城镇化引导下的西部地区县域城乡空间重构研究——以青海省都兰县为例［J］. 城市发展研究，2016，19（06）：12-17.

［262-263］张沛，杨欢等 . 生态功能区划视角下的西北地区城乡空间规划方法研究——以海东重点地带为例［J］. 现代城市研究，2013，（7）：30-26.

［264］米炜嵩 . 渭南·渭北地区城乡统筹发展的产业路径及空间模式研究［D］. 西安：西安建筑科技大学，2013.

［265］富平山川大地，http：//blog.sina.com

［266］富平县国民经济和社会发展第十二个五年规划，http：//wenku.baidu.c

［267］富平县城市总体规划（2015-2030），http：//blog.sina.com

［268］安蕾 . 区域城乡一体化的空间模式及其绩效评价研究［D］. 西安：西安建筑科技大学，2015.

［269］张沛，孙海军等 . 中国城乡一体化的空间路径与规划模式——西北地区实证解析与对策研究［M］. 北京：科学出版社，2015.

［270］李晓园 . 新型城镇化进程中城市基础设施投资效率分析与政策建议［J］. 宏观经济研究，2015，（10）：35-43.

［271］吴书峰 . 蒲城县城规划建设后评估及优化策略研究［D］. 西安：西安建筑科技大学，2014.

［272-273］蒲城县十二五规划，百度文库，http：//wenku.baidu.c

［274］寒地生态功能区背景下的绥棱县城市总体规划策略研究 .

［275-276］蒲城县城市总体规划，渭南市人民政府，http：//www.weinan.go

［277］潼关县概况，百度百科，http：//blog.sina.com

［278］肖显超，孙国坤 . 厦门市现代都市农业发展优势及对策［J］. 现代农业科技，2012，（16）：333-334.

［279］中共中央关于全面深化改革若干重大问题的决定，2013.

［280］《生态文明体制改革总体方案》2014.

［281］中央农村工作会议在北京举行要求确保舌尖上的安全［J］. 农产品市场周刊，2013，（1）：24-26.

［282］程永辉，刘科伟等.“多规合一”下城市开发边界划定的若干问题探讨［J］. 城市发展研究，2015，22（7）：52-56.

［283］苏涵，陈皓.“多规合一”的本质及其编制要点探析［J］. 规划师，2015，31（2）：57-62.

［284］于大涛，张戈等. 海域使用论证“项目用海与海洋功能区划和相关规划符合性分析”中的“多规合一”方法应用［J］. 环境保护与循环经济，2016，36（05）：65-67.

［285］苏涵. 多规合一的本质及其编制要点探析［J］. 规划师，2015，31（2）：57-62.

［286］高璟，彭震伟等. 基于生态安全的快速城镇化地区空间管制研究——以烟台市门楼水库地区为例［C］. 城市时代，协同规划——2013中国城市规划年会本书集（09- 绿色生态与低碳规划）. 青岛：2013，中国建筑工业出版社.

［287］李晶，蔡忠原. 国外城市规划评估对小城镇规划建设实施评估的启示［J］. 小城镇建设，2013，（09）：47-52.

［288］徐东辉.“三规合一”的市域城乡总体规划［J］. 城市发展研究，2014，21（8）：30-36.

［289］贾晓华. 中国呼伦贝尔城镇化发展研究［D］. 北京：中央民族大学，2013.

［290］中央农村工作会议在北京举行要求确保舌尖上的安全［J］. 农产品市场周刊，2013，（1）：24-26.

［291-292］宋引龙. 陕北宜川新型社区规划设计研究［D］. 延安：延安大学，2013.

［293］制定《中华人民共和国城乡规划法》的重要意义，http：//www.233.com/c

［294］许剑峰. 空间与政策的规划协同研究［D］. 重庆：重庆大学，2010.

［295］自治区人民政府关于印发宁夏回族自治区城镇化发展“十二五”规划的通知. 宁夏回族自治区人民政府公报，2013.

［296］李晶，蔡忠原. 国外城市规划评估对小城镇规划建设实施评估的启示［J］. 小城镇建设，2013，（09）：47-52.

［297-298］自治区人民政府关于印发宁夏回族自治区城镇化发展“十二五”规划的通知. 宁夏回族自治区人民政府公报，2013.

［299］自治区人民政府关于印发宁夏回族自治区城镇化发展“十二五”规划的通知. 宁夏回族自治区人民政府公报，2013.

［300-303］国家新型城镇化规划（2014-2020年）. 和讯网.http：//news.hexun.co

［304］陈世伟. 地权变动、村界流动与治理转型——土地流转背景下的乡村治理研究［J］. 求实，2011，（4）：93-96.

［305］张沛，杨欢等. 生态功能区划视角下的西北地区城乡空间规划方法研究——以海东重点地带为例［J］. 现代城市研究，2013，（7）：30-26.

［306-307］高云虹，曾菊新. 城乡网络化与西部地区城乡发展模式选择［J］. 经济问题探索，2006，（08）：13-18.

［308］张沛，孙海军等. 中国城乡一体化的空间路径与规划模式：西北地区实证解析与对策研究［M］. 北京：科学出版社，2015.

［309-311］李晶，蔡忠原. 国外城市规划评估对小城镇规划建设实施评估的启示［J］. 小城镇建设，

2013，（09）：47-52.

［312］段瀚．渭南经济技术开发区转型发展模式及规划策略研究［D］.西安：西安建筑科技大学，2013.

［313］褚海存．关于城市规划管理的探讨——以太原城市为例［J］.太原科技，1998，（06）：3-5.

［314-315］桑东升．城市规划管理的理论方法及中国的实践［J］.现代城市研究，2000，（05）：25-27，62.

［316］袁萍萍．城市规划公共参与研究——以南京市为例［D］.南京：南京师范大学，2011.

［317］夏显力．陕西关中城镇体系协调发展研究［D］.杨凌：西北农林科技大学，2004.

［318］王伟，吴志强．陕西关中城镇体系协调发展研究［J］.城市发展研究，2013，20（07）：63-71.

后 记

本书在笔者博士论文基础上改写而成。

十余载求学之路，20余年校园生涯，有幸拜师于张沛教授门下攻读博士学位，苦读数年，感慨有加。吾师治学严谨，为人严肃，对弟子宅心仁厚，关爱有加，困惑之中总能锦囊相助，倾尽所能替弟子树立信心，打败幽暗的岁月，感恩！

感谢硕士生导师周庆华院长，教我用空间思维审视城乡之问题，其研究视野、研究方法均运用到本书之中。感谢本科导师刘晖教授，从站点、道路、境地空间系列训练，从灵泉村徒步相伴到黄河湿地，给我专业的启蒙打下了坚实基础。硕士毕业后在中国建筑西北设计研究院有限公司工作一年，规划院院长党春红对我帮助颇多。

感谢为此书出版而付出努力的中国建筑工业出版社编辑。

感恩于父母，此处不多言，终将铭记于心。